自然科学新启发丛书

主　编　姚宝骏　郭启祥

本册主编　洪雅琴

从哪里来，到哪里去

cong nali lai dao nali qu

百花洲文艺出版社
BAIHUAZHOU LITERATURE AND ART PRESS

致同学们

亲爱的同学们：

你们了解什么是生命吗？你们热爱你们的生命吗？你知道我们的地球是太阳系中唯一一个存在生命的绿色星球吗？

我们的地球不仅有种类丰富的动植物，还有我们赖以生存的美好生态环境！在地球的外层有保护我们生物的大气圈，在地面上有我们的生命之泉——水，还有被我们踩在脚下支撑生物的岩石土壤，地球上的一切似乎都是为我们多姿多彩的生命所准备的！

如今的地球到处是一片美丽和谐的景象，可是同学们能想象得到原始的地球到处是喷发的火山，一片烟雾灰尘弥漫的景象吗？地球在那么糟糕的环境下，是怎样演化成现在多姿多彩的生命呢？

整个自然界，从无生命到有生命，从单细胞的生命到有结构构造复杂的物种，都有一个发展的历程。无论是鱼类、鸟类、两栖类、爬行类、哺乳类等都有一个起源问题，即从无到有的过程，这一过程只有在地球的历史中才能得以体现。那地球上的第一个生命是什么时候产生的？又是怎样产生的？地球上的原始生命又是什么样的形态？不同的生物之间存在着什么样的关系？生物是怎样发展的？它们对人类有什么影响？人类是由什么样的物种进化而来的？未来的人会是什么样子的？

要想知道上述问题的答案，那就快快打开本书，一睹为快吧！

让我们掀开地球历史的每一页，回顾和认识漫长的地球发展和生物演化的历史吧！它会让你重新认识生命，了解生命，尊重生命！

你们的同学：牛牛

目录
mulu

第一章　生命起源的地球环境

　　我们的地球在宇宙中只是一个微不足道的小行星。可是对于我们人类来讲，地球是一个孕育生命的摇篮，是我们人类以及所有生物赖以生存的唯一星球！

　　可是，对于这样的一个美丽动人的地球，同学们对它了解多少呢？你知道地球现在的年龄吗？宇宙中是从什么时候才开始有地球的足迹呢？地球刚开始就是现在的模样吗？它是如何演化成如今美丽的模样？……

　　同学们现在是不是觉得对地球的一切都很好奇，有没有了解它的欲望呢？那就和牛牛一起探索地球的奥秘吧！

地球的起源

　　我们一降生到这个世界上，就同地球分不开了。地球作为我们诞生、劳动、生息、繁衍的地方，人类共有

的家园，和我们的关系太密切了。那么地球是如何形成的呢？

对于这一问题，自古以来，人们就有着种种解释，也留下了很多的神话传说。

我国古代有"盘古开天辟地"之说。相传，世界原本是一个黑暗混沌的大黑团，外面包裹着一个坚硬的外壳，就像一只大鹅蛋。多年以后，这个大黑团中诞生了一个神人——盘古。他睁开眼睛，可周围漆黑一片，什么也看不见，他挥起神斧，劈开混沌，于是，清而轻的部分上升成了天空，浊而重的部分下沉成了大地……

宇宙大爆炸

在西方国家，据《圣经》记载，上帝耶和华用六天时间创造了天地和世界万物。第一天他将光明从黑暗里分出来，使白天和夜晚相互更替；第二天创造了天，将水分开成天上的水和地上的水；第三天使大地披上一层绿装，点缀着树木花草，空气里飘荡着花果的芳香；第四天创造了太阳和月亮，分管白天和夜晚；第五天创造了飞禽走兽；第六天，

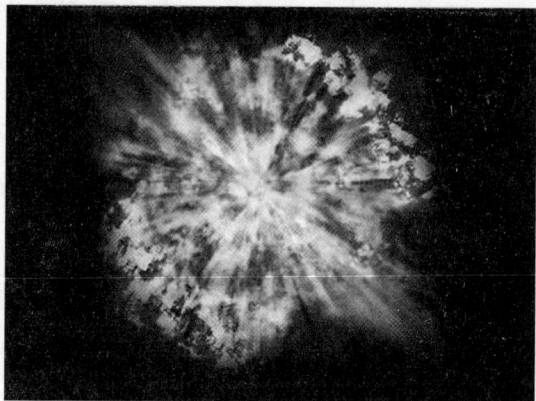

创造了管理万物的人；第七天，上帝休息了，这一天称为"安息日"，也就是现在的星期天……

现在看来，这些美丽的神话传说是没有科学根据的。随着生产力的发展，对太阳系的认识也逐渐深刻。18世纪以来，相继出现了很多假说。近数十年来，尽管天体物理学等近代科学的发展、天文学的进步、宇航事业的兴起等为地球演化的研究提供了更多的帮助，但是对于地球的起源与演化仍旧是个谜。因此科学家们只能通过一系列的假说来解释地球的起源，比较著名的是"星云说"、"气体潮生说"、"陨石论"。

"星云说"：法国数学家和天文学家拉普拉斯（1749～1827）于1796年发表的《天体力学》及后来的《宇宙的叙述》中提出太阳系成因的假说——星云说。他认为太阳是太阳系中最早存在的星体，这个原始太阳比现在大得多，是由一团灼热的稀薄物质组成，内部较致密，周围是较稀薄的气体圈，形状是一个中心厚而边缘薄的饼状体，在不断缓慢地旋转。经过长期不断冷却和本身的引力作用，星云逐渐变得致密，体积逐渐缩小，旋转加快，因此愈来愈扁。这样位于它边缘的物质，特别是赤道部分，当离心加速度超过中心引力加速度时，便离开原始太阳，形成无数同心圆状轮环（如同现在土星周围的环带），相当于现在各行星的运行轨道位置。由于环带性质

不均一，并且带有一些聚集凝结的团块。这样在引力作用下，环带中的残余物质，都被凝固吸引，形成大小不一的行星，地球即是其中一个。各轮环中心最大的凝团，便是太阳，其余围绕太阳旋转，由于行星自转因此也可以产生卫星，例如地球的卫星——月亮，这样地球便随太阳系的产生而产生了。

"气体潮生说"：1930年，英国物理学家金斯提出气体潮生说，他推测原始太阳为一灼热球状体，由非常稀薄的气体物质组成。一颗质量比它大得多的星体，从距离不远处瞬间掠过，由于引力作用，原始太阳出现了凸出部分。引力继续作用，凸出部分被拉成如同雪茄烟一般的长条，作用在很短时间内进行。较大星体一去不复返，慢慢地太阳获得了新的平衡，从太阳中分离出的长条状稀薄气流，逐渐冷却凝固而分成许多部分，每一部分再聚集成一个行星。被拉出的气流，中间部分最宽，密度最大，形成较大的木星和土星；两端气流稀薄些，形成较小的行星，如水星、冥王星、地球等。

"陨石论"（施密特假说）：前两种假说都提出了一个原始太阳分出炽热熔融气体状态的物质。施密特根据银河系的自转和陨石星体的轨道是椭圆的理论，认为太阳系星体轨道是一致的，因此陨星体也应是太阳系成员。因此他于1944年提出了新假说：在遥远的古代，太阳系

中只存在一个孤独的恒星即原始太阳，在银河系广阔的天际沿自己的轨道运行。约在60~70亿年前，当它穿过巨大的黑暗星云

银河系

时，便和密集的陨石颗粒、尘埃质点相遇，它便开始用引力把大部分物质捕获过来，其中一部分与它结合；而另一些则按力学的规律，聚集起来围绕着它运转，当走出黑暗星云时，这个旅行者不再是一个孤星了。它在运行中不断吸收宇宙中的陨体和尘埃团，由于数不清的尘埃和陨石质点相互碰撞，于是便使尘埃和陨石质点相互焊接起来，大的吸小的，体积逐渐增大，最后形成几个庞大行星。行星在发展中又以同样方式捕获物质，形成卫星。

以上仅介绍三种关于地球起源的学说，一般认为前苏联学者施密特的假说（陨石论）是较为进步的，也较为符合太阳系的发展。根据这一学说，地球在天文期大约有两个阶段：

行星萌芽阶段：即星际物质（尘埃，陨体）围绕太阳相互碰撞，开始形成地球的时期。

行星逐渐形成阶段：在这一阶段中，地球形体基本形成，重力作用相当显著，地壳外部空间保持着原始大气（CH_4，NH_3，H_2O，CO_2等）。由于放射性蜕变释热，内部温度产生分异，重的物质向地心集中；又因为地球物质不均匀分布，引起地球外部轮廓及结构发生变化，即地壳运动形成，伴随灼热融浆溢出，形成了岩侵入活动和火山喷发活动。

以上便是地球演化较新的观点。近30年来，科学家利用放射性同位素定年方法获得了一系列与地球年龄相关的数据：在澳大利亚西部岩石中获得的锆石测得年龄为42亿年，虽然这颗锆石是以再沉积的方式存在于中生代的岩石中，但已足以表明地球的年龄不会小于这个数据；从月球上获得的岩石所测定的年龄有许多在46亿年以上，由于月球是地球的卫星，也是太阳系的一员，因此地球的年龄应不小于月球的年龄；从大量来自太阳系的陨石获得的年龄也都在46~47亿年之间。

我们相信，随着科学的发展，地球起源之谜一定会被解开。

地球的年龄是怎样描述的？

我们谈到地球的年龄，一般涉及相对年龄和绝对年龄。

地球相对年龄的确立主要依据化石。自从英国地质学家史密斯提出"化石层序律"后，就把时间与生物演化阶段联系起来。人们知道，在不同时代的地层中含有不同的化石，同样，我们得到了这些化石后也可以推断产出这些化石的地层年代。

在众多的古生物门类中，有些门类特征显著，演化迅速，在反映地质年代上非常"灵敏"，这种化石被科学家们称作"标准化石"，它们被用作划分时间地层单位时往往起主导作用。而有些门类则演化非常缓慢，或空间分布的局限性很大，因此在划分和确定地质年代时只能起辅助作用。前者如三叶虫，它们只生存在古生代，而且演化明显，在古生代不同时代中都有各具特色的属种代表，是著名的标准化石；后者如舌形贝，这是一种腕足动物，从寒武纪就已出现，在现代海洋中仍十分常见，在几亿年的时间跨度内，这种化石从形态、大小到内部结构，几乎没有显著变化，它们的地层意义同三叶虫相比就逊色多了。假如我们在某个地方采集到三叶虫化石，我们可以肯定地说，这个地区的地层年代是古生代，而且还可以根据三叶虫的属种进一步确定是生活在古生代的某一段具体时间，比如是寒武纪还是奥陶纪，但采集到舌形贝化石我们就感到茫然了，因为它不能帮助我们确定地质年代。

以生物演化为依据，人们建立了能反映地球相对年龄

的地质年代表（见附表）。在这个表上，最大的时间概念是宙，其次是代、纪、世、期。如古生代包括寒武纪、奥陶纪、志留纪、泥盆纪、石炭纪、二叠纪六个纪，其中，寒武纪又可进一步分为早寒武世、中寒武世和晚寒武世三个世，每个世还可以分成若干个期。以地质时代相对应，代表每一地质时期的地层也建立起地层单位。最大的地层单位是宇，其次是界、系、统、阶，如代表古生代的地层，我们就称作古生界，其中，寒武纪时形成的地层就被称为寒武系，奥陶纪期间形成的地层则被称为奥陶系，以此类推。

我们在讨论地球发展史时，涉及了地质时代和地球的年龄，地质年代有时还应进一步明确，比如，我们讲寒武纪始于5.7亿年前，这个数据是怎样得来的？结束于5亿年前，这个数据又是怎样得来的？这就必然涉及地球的绝对年龄。

人们通过同位素测定法可以准确地得到地球的绝对年龄。很早以来，人们发现岩石中放射性同位素都会自动并以不变的速率逐渐衰变为非放射性的子体同位素，同时释放出能量。只要温度、压力等因素不变，人们就可以获得准确的数值，利用放射性同位素来测定岩石或矿物的年龄了。常用的同位素年龄测定法有铀-钍-铅法、铷锶法以及钾氩法，这些方法为获得地球不同时期绝对年龄值和各个地质时代的准确时限提供了便利。当然，这些方法也不是没有缺点的。在进行同位素年龄测定时，所选取的样

品很难消除后期热变质作用的影响，如果样品是遭受过风化的岩石，与母岩的性质更是相差甚远，所得到的绝对年龄值往往不能代表岩层的真正年龄。看来，要想通过同位素测定法得到一个地区准确的地质年代，精确的取样、先进的设备和缜密的测定过程缺一不可。

宙	代	纪	世	距今年数	生物的进化		
显生宙	新生代	第四纪	全新世	1万			人类时代、现代动物、现代植物
			更新世	200万			
		第三纪	上新世	600万			被子植物和兽类时代
			中新世	2200万			
			渐新世	3800万			
			始新世	5500万			
			古新世	6500万			
	中生代	白垩纪		1.37亿			裸子植物和爬行动物时代
		侏罗纪		1.95亿			
		三叠纪		2.3亿			
	古生代	二叠纪		2.85亿			蕨类和两栖类时代
		石炭纪		3.5亿			
		泥盆纪		4.05亿			裸蕨植物和无脊椎动物时代
		志留纪		4.40亿			
		奥陶纪		5.00亿			裸藻类和无脊椎动物时代
		寒武纪		6.00亿			
隐生宙	元古	震旦纪		13亿			
				19亿			细菌藻类时代
				34亿			
	太古			46亿	地球形成与化学进化期		
				>50亿	太阳系行星系统形成期		

为何太阳系只有地球有生命？

在茫茫宇宙中，地球只是一个很不起眼的小小星球，但是却是最美丽最独特的绿色星球。因为，地球是目前为止人类发现的

银河系八大行星

唯一一个拥有丰富多彩生命的星球。那太阳系八大行星中为什么只有地球有生命存在？这是因为地球有其独特的适合生命生存的条件。

小知识链接

太阳系中的八大行星，按照离太阳从近到远的顺序依次是水星、金星、地球、火星、木星、土星、天王星、海王星。

首先，地球的温度是所有星球中最温和的，不冷不热。

地球温度温和的第一个原因是，在太阳系行星中，

地球距离太阳远近适中。太阳辐射到达地球上的能量使地球表面大部分地区的温度在0℃～27℃之间，而且昼夜的温差不大，这样的温度条件适合生命的产生和发展。其他星球如水星和金星距离太阳太近，它们距太阳分别为$5.8×10^7$km和$1.07×10^8$km，因此吸收太阳辐射能量要比地球分别多61%和28%，表面温度很高，像金星表面温度高达465℃～485℃；而火星距离太阳比地球远52%，表面温度又较低，大约在20℃和零下140℃之间。故水星、金星、火星的组成和密度虽然和地球类似，但因为距离太阳太近或太远，星球温度不是热火朝天，就是冰霜覆盖，表面温度和地球相差悬殊，故不适合生命的产生。

第二个原因是，地球有天然的屏障即大气层的保护作用。大气层就好像是一条毛毯，均匀地包住了整个地球，使整个地球就好像处在一个温室之中。白天太阳光辐射进入大气层后，太阳辐射中约有19%的能量被大气直接吸收，约有30%的能量被大气反射、散射到宇宙空间，这样到达地面的能量大大减少。如果没有大气层的吸收、反射、散射等保护作用，白天地表温度将比现在增高1倍，甚至更高。而到达地面的太阳辐射能量，除少部分被地面反射外，大部分被地面吸收了。到了夜间，这层大气层对地面又起到保温作用，可以使地球的夜间温度不至于太低。如果没有大气层存在，夜晚地表温度将比现在低

33℃，甚至更多。

其次，地球含有生命之泉——水。

人们普遍认为地球最早的生命是在海洋中孕育的，生命从一开始就离不开水。干燥的种子必须吸足水才能萌发；人的胚胎也要在羊水中发育；沙漠里的仙人掌，身处如此干旱的环境，它那肥硕的变态茎里仍储藏着大量的水分。

水是构成细胞的重要物质。生物体的含水量一般为60%到90%，水母的含水量达到97%。水在生物体内流动，可以把营养物质运送到各个细胞，同时也把各个细胞新陈代谢产生的废物，运送到排泄器官或者排出体外。总之，各种生物体的一切生命活动都离不开水。

由以上得天独厚的条件，使得地球成为了太阳系中唯一个拥有生命的星球。正因为地球是唯一一个适合生命生存的星球，所以我们人类要保护我们的家园——地球。希望我们地球上的生命可以永远地繁衍下去，永远是太阳系中的绿色星球。

原始地球环境的演化

揭开地球的"面纱"

——地球大气的来源

人类赖以生存的大气，是围绕着整个地球的一个巨大的气体圈层，称为大气圈。大气在没有污染的情况下是透明、无色、无味、无臭的。这层大气由许多种气体组成，其中所包含的氧气对于人类的生存最为重要。这层大气处在不停的运动之中，我们所感到的风就是空气运动的表征。空气可以传递声波，帮助人类进行语言交流。这层大气的存在，还可以阻止有害人类健康的辐射线进入人类居住的环境，保护人类的正常生活和世代繁衍。总之，这层大气对于人类社会的进步是十分重要的。

大气还以它变幻莫测的魅力吸引着人们。很早以前，人们就对这令人扑朔迷离的大气世界，产生了极大的兴

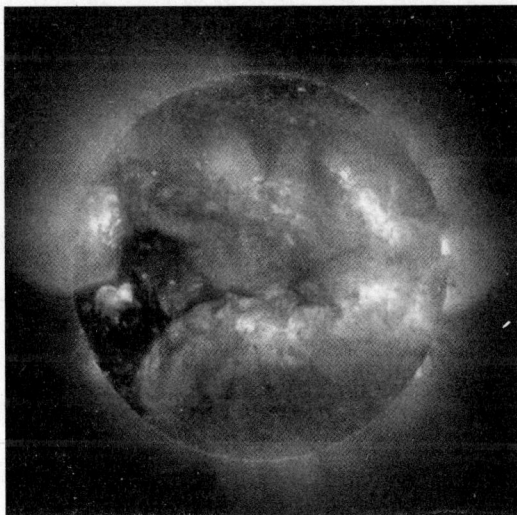

地球大气圈

趣，特别是它的"身世"。大气是怎样诞生的？原始大气是什么样子？是否与今天的大气一样？这一系列的问题，一直争论至今。人们都承认，地球大气是伴随着地球的形成过程，经过了亿万年的不断"吐故纳新"，才演变成今天的这个样子。但它是怎样演变的呢？一般认为，地球大气的演变过程可以分为三个阶段。

1. 原始大气阶段。

根据太阳系起源的流行理论——康德—拉普拉斯学说认为：大约在50亿年前，太阳系是一团体积庞大、温度极高、中心密度大、外缘密度小的气态尘埃云。整个尘埃云先是缓缓转动，后来温度渐渐冷却，尘埃收缩，而使转动加快，中心部分收缩成太阳，周围物质收缩成八大行星及其卫星。最初收缩凝聚的地球团块是很疏松的，气体不光在地球表面，大部分被禁锢在疏松的地球团内。这时的地球像一块吸足了水分的海绵团，蕴含着大量的气体。

后来，由于地心引力作用，疏松的地球收缩变小。气体受到收缩，被挤出来。大多气体分散到地球表面，形成薄薄的一层大气。地球收缩到一定程度后，收缩速度减慢，强烈收缩时产生的热量渐渐散失，地球逐渐冷却，地壳开始凝固。这时，地球周围包含的原始大气的主要成分是氢和氦。氢和氦都是些密度很小的轻气体，加上刚形成的地球的地心引力还很小，因此这些气体没有被地球的吸

力抓住，使得原始大气很快就消失在宇宙中了。

2. 次生大气阶段。

地球生成以后，由于温度的下降，地球表面发生冷凝现象，而地球内部的高温又促使火山频繁活动，火山爆发时水和气体也随之释放出来，就逐渐代替了原始大气，而成为次生大气。次生大气的主要成分是二氧化碳、甲烷、氮、硫化氢、氨、水汽等一些分子量比较大的气体。这些气体和地球的固体物质之间，互相吸引，互相依存，使得大部分重分子气体被地球吸力抓住，充实了地球大气。

3. 今日大气阶段。

首先，我们来了解下今日地球的大气成分。现在的地球大气成分主要是氮气占78%、氧气占21%、二氧化碳占0.03%、稀有气体0.94%、水蒸气和杂质占0.03%。因此如今大气主要成分是氮气、氧气和少量的二氧化碳。而地球开始形成时的原始大气主要成分是

气 层

二氧化碳、甲烷、氮、硫化氢、氨、水汽等气体，其中二氧化碳占据大部分。

对比地球古今的大气成分，可以发现它们决然不同，有很大的差异。而之所以形成如今适合生命生存的大气成分是地球长期演化的成果。

二氧化碳在地球的初始大气中占的分量很大，但是随着地球生命的形成和进化，这种大气成分开始慢慢变化。40多亿年前，地球开始出现生命，并开始向前继续进化，直到一个突破性的生命体出现——蓝藻。蓝藻是一个不需要氧气的单细胞生物，但它可以进行光合作用。我们都知道光合作用可以利用空气中的二氧化碳和水合成有机物与氧气。因此，地球上最开始的氧气是来源于蓝藻。

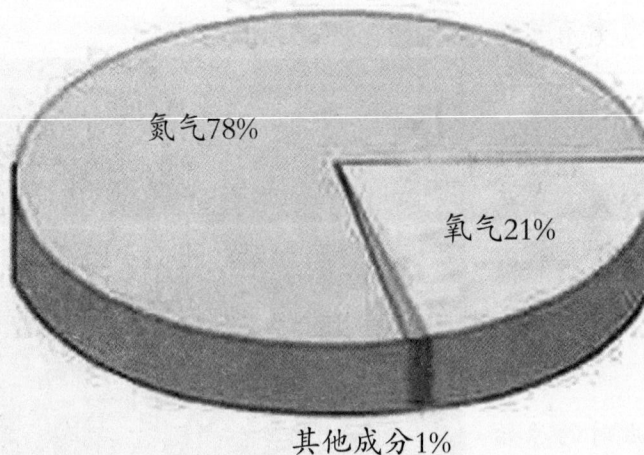

氮气78%

氧气21%

其他成分1%

如今的大气成分

有了氧，就为地球上其他生命的出现提供了极为有利的"温床"。原始的单细胞生命，在大气所纺织成的"摇篮"中，不断地演变、进化，最终形成了如今丰富多彩的生命。

由于光合作用，碳被大量地用来构成生物体，另外一部分碳溶解于海洋，成为海洋生物发展的一种物质。因此，地球大气中的二氧化碳含量急剧下降，最终变为如今只占0.03%的大气含量；而大气中的氧气含量由以前的没有一下跃居为21%的大气含量。

现在大气中的第一主要成分是氮气，但从原始大气中或火山喷发气中来看，氮的成分是很少的，只有百分之几。而现在氮气的增多，主要有两个原因：一是氮气的化学性质很不活跃，不太容易同其他物质化合，多呈游离状态存在；另一方面，氮气在水中的溶解度很低，仅相当于二氧化碳的七分之一，所以它大多以游离状态存在于大气中。由于二氧化碳的减少，初始水汽又大部分变成液态水，成为今天的水圈，相对来说，氮和氧的比例就增多了，所以今天氮有这么多，是和氮本身的特性有关的。

当然，氮气也会进行循环。一些根瘤菌可以吸收氮气，以及自然中的电闪雷鸣，可以使大气中的氮气转化为含氮化合物，参与到生物循环里去，这些生物物质再腐烂分解后，又放出游离的氮气；也有一小部分氮进入到地壳

的硝酸盐中。氮虽参加循环，但大部分呈游离状态存在，相对来说，它的含量在增加，以致成为大气的主要成分。

由此我们可以得出两点结论：第一，现在的大气成分是地球长期演化的结果，是和水圈、生物圈、岩石圈进行充分的物质循环的结果。可以说，这几个圈层是相互联系、互相渗透的一个整体。第二，现在的大气成分还在不断地进行着循环过程之中，而且这个过程基本是平衡的、稳定的，在短时期内是不会有明显变化的。

地球上的水从哪里来？

在我们生活的地球上，海洋面积占70.8%。如果把地球上的所有高山和低谷都拉平，再把地球上的水全都包围起来，那么地球表面的水就深达2400多米，地球，真正变成一颗"水星"了。而太阳系的水星，至今没有海洋，上面也没有水。

地球上这么多水是从哪里来的呢？目前，大多数科学家认为：地球上的水，是地球在漫长的历史进程中，由组成地球的物质逐渐脱水、脱气而形成的。地球是由星际尘埃凝聚而成的。在最初阶段，地球是一个寒冷的凝结团，是万有引力和颗粒间的相互碰撞，使这些星际尘埃物质紧紧地压缩在一起，形成原始地球。后来地球内部的放射性元素不断蜕变，凝固团的温度不断增高，最

终形成我们可以居住的地球。科学家对组成地球地幔的球粒陨石进行分析，发现含有0.5％～5％的水，最多的可达10％。如果当初组成原始地球的陨石，只要有1/800是这些球粒陨石的话，那么就足以形成今天的地球水圈。问题是，当初是这样的情形吗？至今没有定论。

　　另一种解释是火山喷发喷出大量的水。对今天活火山的研究表明，伴随滚滚浓烟、炽热熔浆的喷发，的确是有大量水汽释放到地球的大气中。在喷出的气体中，水汽占75％，含量的确很大。如美国阿拉斯加有一座叫"万烟谷"的火山，在每年喷出的气体中，水汽就有6600万吨。自地球诞生至今，也不知多少火山喷发过，其次数也无法统计，喷出来的水汽就更多了。有的科学家甚至认为，至少地球上现有水的一半来自火山喷出的水汽。火山为什么能喷发水汽？因为地下深处的岩石、岩浆里含有相当丰富的水。火山一喷发，因为熔岩温度高，把岩浆里的水自然蒸发，逸出地球表面。这些水汽到了高空遇到冷气，凝结

成水，最终落到地上，形成涓涓水流，进入海洋。据科学家研究，早期地球很热，大约在6亿年前，地球表面的温度才降到30℃，此时大气中的水汽有99%降落到地面，地球上才开始有海洋及江河湖泊。水是生命之源，只有有了水，地球上才开始有生物。

但是，也有科学家认为地球上的水来自冰陨石。什么是冰陨石？就是来自宇宙空间的以冰的形式落到地球上的陨石，因为它的主要组成成分是冰。关于冰陨石不仅美国、西班牙等国均有发现，而且在我国也有报道。如1983年我国江苏无锡市就有一块直径50～60厘米的冰陨石降落到地。落到地面的冰陨石比较小，大多在大气层融化掉，它们成了大气水汽的重要来源之一。科学家说，地球一年之中可从冰陨石获得10亿吨水。

关于地球上水的来源的三种解释，都有一定的事实为根据，但这三种解释同样存在片面性。地球上的水到底是哪里来的？随着科学技术的发展，我们一定能找到最终答案。

大陆板块漂移说

1910年的一天，年轻的德国气象学家魏格纳身体欠佳，躺在病床上。百无聊赖中，他的目光落在墙上的一幅世界地图上，他意外地发现，大西洋两岸的轮廓竟是如此

相对应，特别是巴西东端的直角突出部分，与非洲西岸凹入大陆的几内亚湾非常吻合。自此往南，巴西海岸每一个突出部分，恰好对应非洲西岸同样形状的海湾；相反，巴西海岸每一个海湾，在非洲西岸就有一个突出部分与之对应。这难道是偶然的巧合？这位青年学家的脑海里突然掠过这样一个念头：非洲大陆与南美洲大陆是不是曾经贴合在一起，也就是说，从前它们之间没有大西洋，到后来才破裂、漂移而分开的？

第二年，魏格纳开始搜集资料，验证自己的设想，进行了系统的研究。最终在1912年，德国的年轻天文气象学家魏格纳发表论文，首次正式提出了"大陆漂移学说"，他在专著《海陆的起源》中作了详尽的阐释。大陆漂移学说是解释地壳运动、海陆分布及演变的一种学说。其实，早在1620年的时候，英国的哲学家、政治家弗朗西斯·培根就在地图上观察到，南美洲东岸和非洲西岸可以很完美地衔接在一起。虽然培根喊出了著名的言语"知识就是力量"，但他不是真正的科学家，他只是将自己关于两块大陆的想法说了出来，而没有试图去寻找证据，来证实两岸曾经是相连的。

"大陆漂移学说"认为，地球上所有大陆在中生代以前曾是一个统一的巨大陆块，称为泛大陆或联合古陆，其余部分称为泛大洋。由于地球自转产生的惯性离心力，导致大陆发生从两极向赤道的离极运动。由于日月对地球的引力产生的潮汐作用，导致大陆向西运动。在2亿年前的中生代初，使泛大陆漂浮分开。美洲大陆漂得最快，亚洲、澳大利亚大陆漂得最慢。在美洲大陆与欧洲、非洲大陆之间首先形成大西洋，接着澳大利亚大陆与南极洲大陆间形成印度洋。直到新生代第四纪初期，才形成现代世界上海陆分布的轮廓。世界上的山脉也是大陆漂移被挤压褶皱而形成的。亚洲东缘的岛弧群，是陆地向西漂移时留下的残块。喜马拉雅山、阿尔卑斯山等东西向大山脉，是大陆从两极向赤道的挤压结果。

随着现代科学的发展，精确的大地测量数据证实，目前大陆仍在缓慢地保持水平运动。古地磁的资料也表明，许多大陆块现在所处的位置并不代表它初始的位置，而是经过了位移的。但最初的大陆漂移说不能解释泛大陆分裂的古生代褶皱带，不能解释升降运动，因此这一学说在当时并没有被人们接受。直到20世纪60年代，板块构造学说的兴起给这一学说以新的解释。

魏格纳对泛大陆的存在及大陆破裂、漂移提出了确凿的证据。除了上述大西洋两岸轮廓之奇妙吻合外，还有古生物化石作证。例如，中龙是一种小型爬行动物，生活在远古时期的陆地淡水中，它既可以在巴西石炭纪到二叠纪形成的地层中找到，也出现在南非的石炭纪、二叠纪的同类地层中。而迄今为止，世界上其他大陆上，都未曾找到过这种动物化石。淡水生活的中龙，是如何游过由咸水组成的大西洋的？

再来看一看植物化石——舌羊齿，这是一种古代的蕨类植物，广布于澳大利亚、印度、南美、非洲等地的晚古生代地层中，即现代版图中比较靠南方的大陆上。植物没有腿，也不会游泳，如何漂洋过海的？

更有趣的是，有一种园庭蜗牛，既发现于德国和英国等地，也分布于大西洋对岸的北美洲。蜗牛素以步履缓慢著称，居然有本事跨过大西洋的千重波澜，从一岸传播到另一岸？当时没有人类发明的飞机和舰艇，甚至连鸟类还没有在地球上出现，蜗牛是怎么过去的？

此外，魏格纳还指出大地测量的精确数据也表明格陵兰漂离欧洲大陆越来越远。魏格纳有一个巧妙的比方：假如有两张半截报纸，它们不仅相邻的两条边缝轮廓应该完全吻合，而且拼在一起以后，上面的所有文字也都能联接成句，念得通顺，那么，我们就不得不承认这两张半截报纸是由一整张报纸撕开来的。魏格纳没能很好地解释大陆漂移的机制问题，在今天看来，他所提出的硅铝层陆壳在硅镁层洋壳上漂移的论点是错误的。他自己也不得不承认："关于大陆漂移说的牛顿还没产生"。

大陆漂移学说以轰动效应问世，却很快在嘲笑中销

声匿迹。虽然魏格纳找到的证据很多，但是如果别人找出一个反对这个科学理论的证据，比如大陆漂移的动力不足，这个学说只能叫做假说，而不是真正的理论。大陆漂移说在20世纪20年代末至50年代初一度沉寂。50年代末，由于古地磁研究成果、古磁极位移理论及以后的海底扩张说，使大陆漂移

大陆漂移过程

魏格纳 德国地球物理学家
于1912年提出大陆漂移学说

大陆漂移过程

2亿年前

1亿3500万年前

6500万年前

现在

说重新复活，并发展为板块构造学说。在漂移机制方面修改成刚性的岩石圈板块在塑性的上地幔软流圈上作大规模水平方向上的运动。

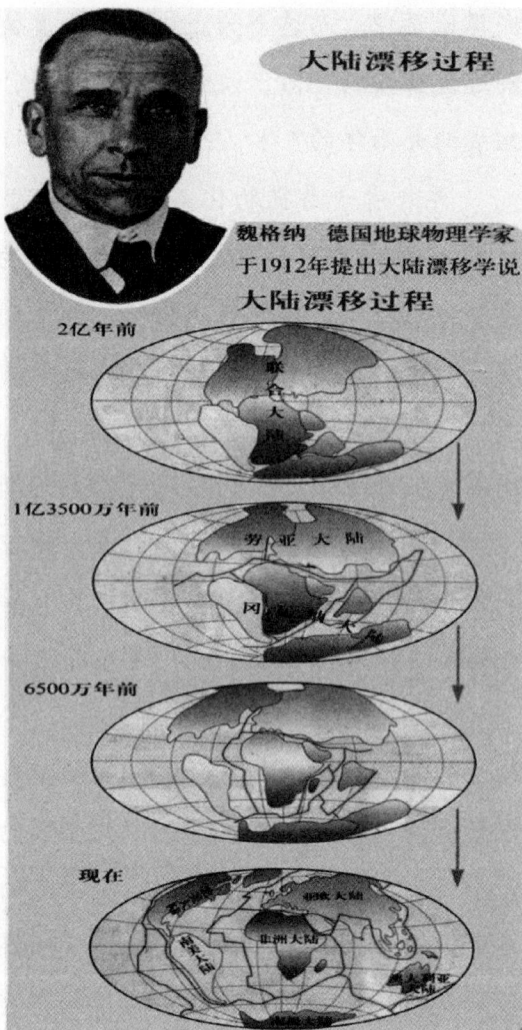

地球遭受过几次冰袭？

"大冰期"是地球上极为寒冷的时期，气温很低，极地和高纬度区广布冰盖，中、低纬地区也分布有很多大陆冰川和山岳冰川，冰川地质作用十分强烈。

"大冰期"是相当长的时段，气候并非恒定不变，其中以有相对更寒冷的时期，称为"冰期"，和与它相对温暖些的时期（即间冰期），相互交替。

在冰期到来时，高纬度地区的冰盖向中、低纬度地区伸展，在高寒地区表现为雪线下降，山岳冰川规模都增大，海水蒸发后形成固体冰，停留在陆地，海水量减少，海平面下降，形成"海退"。间冰期时，冰盖向高纬度退缩，使大量冰融水流回海洋，海平面上升，形成"海进"。现代冰川作用可以通过观察冰川形成的地貌及留下的沉积物（即冰碛层）来识别；古代冰川作用及大冰期的存在只有靠地层中的冰碛层来确认。地球所经历的大冰期，一般认为明显的有3次，第一次发生在元古代末期；

第二次发生在古生代后期（石炭—二叠纪）；第三次发生在第四纪。

科学家们通过地质调查后认为，第一次大冰期在我国很明显，在震旦纪早期的地层中，大量的证据保存在下震旦纪上部的南沱组冰碛岩上。第二次大冰期主要出现在冈瓦纳古陆，其证据主要见于非洲、印度、澳大利亚等大陆上的石炭—二叠纪冰碛岩上。第三次大冰期的证据在全世界都有发现，并可以辨别出冰期和间冰期，如在欧洲体现为阿尔卑斯山区的4次冰期（钧茨、民德、里斯、玉木）及相应的4次间冰期、冰后期。

在我国，冰期的出现频率更为复杂。研究发现，我国西部体现为3次冰期（喀克地普生、契克达万、塔特开特）及3次间冰期、冰后期。但在我国中、东部则体现为4次冰期（鄱阳、大姑、庐山、大理）和4次间冰期、冰后期，尽管以上冰期都存在着相应的冰碛物为证，但中国东部冰期问题一直存有争议。另外也有人提出元古代初期（距今约23亿年）有一次最早的大冰期，其后，在奥陶—志留纪之交有一次大冰期，侏罗纪也有一次寒冷期，但这些提法证据不够充分，即便存在，规模也不够大。

地球上为什么会出现大冰期呢？科学家们认为，天文因素可能是大冰期周期性出现的原因之一。太阳系在银河系中的运行，由于银河系空间物质的疏密不同，当太阳系经过星际物质的稠密地段时，太阳光热辐射的传导受阻，地球接受日光能较少，因而出现冷的周期。也有学者认为，太阳运行到距银河系中心最近时，亮度也会变小，使行星变冷。太阳绕银河系中心一周的公转周期大约是3亿年左右，不管上述假说哪个正确，太阳绕银河公转一周，行星会变冷一次，由于地球表面多水，在这一周期到来时便会产生一次大冰期。应当指出，这3亿年的周期与元古代末期（震旦纪）、石炭—二叠纪及第四纪这3次大冰期的时间间隔是基本吻合的，故此假说基本成立。但在震旦纪以前相隔若干个3亿年却没有或没有确切发现冰碛层的证据，这是为什么呢？科学家们认为，这也许与古老岩层的深变质作用有关。

第二章　地球生命的历史画卷

生命起源与进化是一个亘古未解之谜，它与天体演化和基本粒子理论并称为现代科学三个前沿问题。地球上的生命是何时出现的？地球上最初的原始生命又是怎样产生的？简单生命又是如何演变为当今的多姿多彩？有史以来，人类就不停地寻找答案。是"神"创造了天地万物，还是来自于太空生命，或是经过漫长的化学和生物演化造就了地球生命？

同学们，此刻是不是开始对生命的起源感到很好奇？那就快和牛牛一起插上穿越时空的翅膀，一起探究地球生命起源的秘密吧！

生命起源假说

150多年前，达尔文发表了著名的《物种起源》，用大量生动的试验证据展示了生物是如何从简单到复杂，

从低等进化到高等的过程，从而阐明了物种的起源，即生物的进化。在其科学巨著《物种起源》的结尾部分，

达尔文对生命是如何起源这一基本问题仅仅作了简单的推测："或许在地球上曾经生活过的所有有机体都起源于一种原始的形态，这个原始的形态发展成首次可进行呼吸的生命。"

小知识链接

神创论也叫特创论。神创论认为生物界的所有物种（包括人类），以及天体和大地，都是由上帝创造出来的。世界上的万物一经造成，就不再发生任何变化。

生命起源是一个非生命物质演变成原始生命的过程。有史以来，人们就该问题提出了一系列臆测与假说，但由于大多数的假说缺乏有力证据，因此争议不休。出于

对宇宙万物大量未知存在的恐慌和对"鬼神"的敬畏，"神创论"在相当长的历史过程中，主导着人们对生命起源与进化的认知。然而，随着对宇宙行星探索的不断深入和各种不同化石与分子证据的发现，"神创论"的立论逐渐苍白无力。但在更多有力的证据出现之前，"神创论"仍将长期存在。

在历史上，"自然发生论"也曾得到了许多支持。"自然发生论"认为生命可由非生命或另一种生命形式自然产生。典型的说法如中国古代的"肉腐出虫，鱼枯生蠹"，大致意思是"肉腐烂了就会生蛆，鱼干枯了也会生虫"；还有亚里士多德的"鱼出于泥"，即"鱼来源于淤泥"。但是"自然发生论"假说在19世纪时，被法国微生物学家巴斯德的微生物学实验证明是错误的。

目前，国际上较为流行的生命起源假说主要包括"宇宙生命说"、"宇宙来源说"和"化学起源说"。

1. "宇宙生命说"。

"宇宙生命说"这一假说提倡"一切生命来自生命"的观点，认为地球上最初的生命来自宇宙间的其他星球，即"地上生命，天外飞来"。这一假说认为，宇宙太空中的"生命胚种"可以随着陨石或其他途径跌落在地球表面，即成为最初的生命起点。现代科学研究表明，在已发现的外在星球上，自然状况下是没有保存生命的条件的，因为没有氧气，温度接近绝对零度，又充满具有强大杀伤力的紫外线、X射线和宇宙射线等，因此任何"生命胚体"是不可能保存的。这个假说实际上把生命起源的问题推到了无边无际的宇宙中去了，同时这个假说对于"宇宙中的生命又是怎样起源"的问题，仍是无法解释的。

"宇宙生命说"认为生命起源与地球的形成不同源，地球上的生命是从天外"移植"来的。这种观点在19世纪末到20世纪初的欧洲颇为流行。例如，瑞典化学家阿列纽斯专门发表了《宇宙的形成》一书，他在这本书中提出："宇宙一直有生命的胚种，它们以孢子的形式，靠太阳光的压力，不断在新的行星上定居下来，直到它落到地球上，就在地球上发育成活跃的生命。随着环境逐渐而且缓慢地发展为有机体，这些有机体从而成为地球上各种生命类型的祖先。"

而且原始地球环境是高温、强辐射、缺氧等非常极端的条件，即使外来的"生命胚种"偶然降于地球，这样的恶劣环境也难以使外来生命在地球上长期存在。因此，人们将目光转向到宇宙，希望在宇宙中探索生命的存在。

由于在宇宙中直接发现生命是非常困难的，故"宇宙来源说"随之而生。

小知识链接

有机化合物是生命存在的先决条件，只要探测到有机化合物的来源即有可能知道生命的起源。

2."宇宙来源说"。

"宇宙来源说"这一假说认为，地球上最早的生命或构成生命的有机物，来自于其他宇宙星球或星际尘埃。持这种假说的学者认为，某些微生物孢子可以附着在星际尘埃颗粒上而落入地球，从而使地球有了初始的生命。但我们知道，宇宙空间的物理条件，如紫外线等各种高能射线以及温度等条件对生命都是致命的。而且，即使有这些生命，在它们随着陨石穿越大气层到达地球的过程中，也会因温度太高而被杀死。因此，像微生物孢子这一水平的生命形态看来是不大可能从天外飞来的。

"宇宙来源说"认为地球上最早的生命或构成生命的有机物，是

宇宙

来自于宇宙的其他星球、彗星或星际尘埃。该假说得到了现代一系列太空探索和陨石分析的有力支持。

1963年以来，科学家们利用射电望远镜观察星际空间的尘埃云，分析其无线电波，发现了甲醛、乙醛、甲酸、乙醇等的存在。本世纪80年代初已探知，由碳、氢、氧、氮等元素构成的星际分子共150种，其中80%是有机化合物。此外，研究人员也发现木星的大气层成分和假定的地球原始大气成分是一致的。这些证据都间接地证明了地球的生命来源于宇宙。

1969年9月28日，科学家发现，坠落在澳大利亚麦启逊镇的一颗炭质陨石中含有18种氨基酸，其中6种是构成生物的蛋白质分子所必需的。科学研究表明，一些有机分子如氨基酸、嘌呤、嘧啶等可以在星际尘埃的表面产生，这些有机分子可能由彗星或其陨石

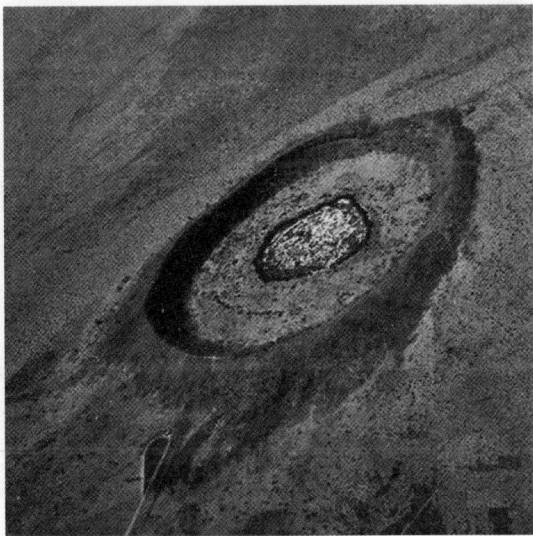

澳大利亚狼溪陨坑

带到地球上，并在地球上演变为原始的生命。

1970年，福克斯研究组将月球样品的热水抽提物水解，用高灵敏度的氨基酸分析仪检测，检出了甘氨酸、丙氨酸、苏氨酸、丝氨酸和谷氨酸。此外他们还在月球样品中检出了形态和地球上发现的微玻璃陨石几乎一样的物质。从地球陨石的提取物中，科学家们已检测出了许多有机化合物，包括各种碳氢化合物、氧化物、氮化物、硫化物及卤化物等等。而这些化合物正是生命形成的物质基础，这又是"宇宙来源说"的一个有力证据。

在"宇宙来源说"中还有一个观点，那就是生命可能是由彗星带来的。学者们认为在45亿年前，地球受过几万颗彗星和陨石撞击，无大气层的原始地球温度可高达数千度，首批地球实体结构刚刚开始形成。大约1亿年之后，地球温度才降下来，并把彗星带来的水积蓄起来，大概又过了几亿年时间，地球环境变得已经适合产生生命了。"彗星论"的理论家们推断说，当初的一切都是偶然发生的星球碰撞带来的结果，同地球碰撞的一颗彗星带来了生命的"胚胎"，这颗彗星带着这种"胚胎"穿过整个宇宙，将其留在了刚刚诞生的地球上，通过缓慢的化学反应演变成最古老的生命物质。著名科学家胡安·奥罗认为："造成化学反应并导致生命产生的有机物毫无疑问是与地球碰撞的彗星带来的。"

不支持"宇宙来源说"观点的学者则认为，在星际空间，强烈的紫外线及其他的破坏性射线能够很快地杀死细菌的孢子，地球以外的生命孢子被保存下来的可能性似乎不大。

拉美最著名的科学家之一拉斯卡诺认为"彗星的确带来了某些物质，但它们不是决定性的，生命诞生所需的物质在地球上已经存在"。他认为："生命发育的原始培养液是大洋边充满脏水的水洼。"还有一些科学家则认为"首批化学反应是在被化学物质严重污染的沸腾水底发生的"，"地球上最初可能存在活的矿物，就是这些活矿物导致了首批细胞的产生"。因此还有一个人们广为熟知的生命起源学说——"化学起源说"。

3. "化学起源说"。

生命诞生于海洋——这一学说是同学们从中学就要开始接受的明确答案。"化学起源说"是除"宇宙来源说"外另一得到广泛支持的生命起源假说。该假说认为地球上的生命是在地球温度逐步下降以后，在极其漫长的时间内，由地球上的非生命物质经过极其复杂的化学过程，逐步地演变而成的。许多学者认为，生命起源在本质上也应遵循达尔文进化论，是一个从简单到复杂的化学进化过程。具有自我代谢和复制功能的生物大分子必须由有机小分子，如氨基酸、碱基、糖、核苷、脂类化合物等聚合生成。

　　"化学起源说"是被广大学者普遍接受的生命起源假说，化学起源说将生命的起源分为四个阶段。

　　第一个阶段，从无机小分子生成有机小分子的阶段。地球形成之初，原本没有生命，只存在无机物。通过长时间的地球演化，含有甲烷以及氨、氢气等小分子无机物的气体在紫外光、电离辐射、雷电等的能量作用下，逐步生成了有机的小分子物质，如核苷酸、氨基酸。

　　从无机分子到生物小分子的演变是起源中的不解难题之一。多年来，生物前的生物小分子起源假说如雨后春笋般涌现，其中包括著名的米勒试管放电合成实验。1953年，米勒在实验室模拟了原始大气环境，通过火花放电，把有机小分子合成了比较简单的几种氨基酸。正如米勒在其模拟实验的研究报告中写道的一样，"即使我们承认地球上没有任何地质记录生命的起源，但是我们还有类似的实验证据，我们清楚地确定，生命是在地球上发生的，所有的生物都有共同的基本成分和性质，都有共同的生物合成途径，这些我们都了解得相当深入，所以有关在原始地球环境下重要生化物质合成的知识都可能有助于说明生物的演化。"米勒的实验试图向人们证实，生命起源的第一步，从无机小分子物质形成有机小分子物质，在原始地球的条件下是完全可能实现的。

　　第二个阶段，从有机小分子物质生成生物大分子物

质。这一过程是在原始海洋中发生的，即氨基酸、核苷酸等有机小分子物质，经过长期积累，相互作用，在适当条件下，通过缩合作用或聚合作用形成了原始的蛋白质分子和核酸分子。

最近，英国科学家J.D.Sutherland等经过近20年的研究，发现通过多步反应可以从有机小分子出发，高产率地合成核苷及相应的核苷酸。这为化学起源说提供了较好的例证。

第三个阶段，从生物大分子物质组成多分子体系。这一过程是怎样形成的呢？前苏联学者奥巴林提出了团聚体假说，他通过实验表明，将蛋白质、多肽、核酸和多糖等放在合适的溶液中，它们能自动地浓缩聚集为分散的球状小滴，这些小滴就是团聚体。奥巴林等人认为，团聚体可以表现出合成、分解、生长、生殖等生命现象，能从外部溶液中吸入某些分子作为反应物，还能在酶的催化作用下发生特定的生化反应，反应的产物也能从团聚体中释放出去。因此，多分子体系开始有了生命的迹象，可以说是最初的生命形式。

生命起源于深海"烟囱"？

"黑烟囱"是耸立在海底的硫化堆积物，呈上细下粗的圆筒状，因形似烟囱状，所以被科学家形象地称为

"黑烟囱"。它们的直径从数厘米到2米，高度从数厘米到50米不等。位于海底的"黑烟囱"堆积群及其堆积物有点像教堂或庙宇建筑的复杂尖顶，规模较大的堆积物可以达到体育馆体积大小的百万倍以上。

目前科学家已经在各大洋的150多处地方发现了"黑烟囱"区，它们主要集中于新生大洋的地壳上，如大洋中脊和弧后盆地扩张中心的位置上。2003年"大洋一号"开展了我国首次专门的海底热液硫化物调查工作，拉开了进军大洋海底多金属硫化物领域的序幕。经过长期不懈的"追踪"，终于发现了完整的古海底"黑烟囱"，它们的地质年龄初步判断为14.3亿"岁"。

在这些炽热的"黑烟囱"周围活跃着一个崭新的生物群落——热水生物，比如长达三米而无消化器官，全靠硫细菌提供营

养的蠕虫，特殊的瓣鳃类、螃蟹类。说明地球上不仅有人们所习惯的，在常温和有光的环境下通过光合作用生产有机质的"有光食物链"；还存在着依靠地球内源能量地热的支持，在深海黑暗和高温高压的环境下，通过化合作用生产有机质的"黑暗食物链"，从而构成了繁荣的深海生物圈。换言之，因为处在海洋深处，阳光无法照射到那里，它们不能依靠光合作用来合成生命物质，只能通过自身的化学反应类合成生命物质来生存。

在这里，海水的水温高达350摄氏度，生物生活在既无氧也无光的高温高压环境下，并依靠氧化大量有毒有害的硫化物获得生命的能量。这种生存环境，很类似地球早期环境的极端高温环境：热泉水温高达350摄氏度，周围水温为2摄氏度、水深两三千米，缺氧，遍布还原性的有毒气体和金属离子。

一些生物基因组的研究也发现，这些生物非常原始，接近所有生命的共同祖先。科学家们为此提出，生命莫非就是起源于这些"黑烟囱"的周围？因此，部分学者提出"烟囱起源说"。据报道，加利福尼亚大学洛杉矶分校的分子生物学家詹姆·莱克在大洋底"烟囱"附近找到了在黄石公园热泉里生存的嗜硫细菌，为海底"烟囱"热泉生命起源的非常规理论提供了证据。

深海"烟囱"之所以与生命的起源相联系，主要基

于"烟囱"附近的高温、缺氧、含硫和甲烷等环境条件和地球形成时的早期环境相似。由此，部分学者认为，"烟囱"附近的环境不仅可以为生命的出现以及其后的生命延续提供所需的能量和物质，而且还可以避免外来星球撞击地球时所造成的有害影响，因此深海"烟囱"是孕育生命的理想场所。但另一些学者认为，生命可能是从地球表面产生，随后就蔓延到深海"烟囱"周围。以后的星球撞击毁灭了地球表面所有的生命，只有隐藏在深海喷口附近的生物得以保存下来并繁衍后代。因此，这些喷口附近的生物虽然不是地球上最早出现的，但却是现存所有生物的共同祖先。

另外，海底"黑烟囱"周围生物的多样性和生物密度也可与热带雨林相媲美，目前新发现的生物种类已经达到了10个门类500多个种属。这个发现也同样令人们兴奋。现代海底"黑烟囱"及其硫化物矿产的发现，是全球海洋地质调查近10年中取得的最重要的科学成就之一。近些年来，海底热液活动及其多金属硫化物、生物资源之所以为国际社会常年关注，成为国际科学前沿的课题，主要是基于其生命科学意义和地球资源潜力。

外星微生物化石重新定义生命起源说？

地球生命来自外星？美国航空航天局马歇尔航天飞

行中心天体生物学家理查德·胡佛（Richard Hoover）博士2011年3月宣布，已为上述猜想找到最直接最有力的证据：沉睡在陨石残骸中的外星微生物。

假如这一观点得到证实，那么地球生命起源说及宇宙生物学说都将被重新定义，我们现有的科学体系也将变得"摇摇欲坠"。然而，迄今为止，这一切都还只是"如果"。

1. 十年耕耘发掘外星生命。

在过去十年中，胡佛博士一直致力于搜寻最珍贵的"太阳系实物标本"——陨石，其足迹遍布世界各地，包括南极、西伯利亚和阿拉斯加等人烟罕至的地区。迄今为止，他已在陨石残骸中发现了许多不同的微生物化石，其中一些与地球生物体颇为相似，另一些则是前所未见、闻所未闻。

根据其日前发表在《宇宙学》杂志上的研究报告，在用显微镜观察极为罕见的碳质球粒

陨石CI1切面时，胡佛博士不仅找到了疑似地球巨型细菌Titanospirillum Velox"始祖"的微生物化石，还发现了一种"完全陌生"的生命形式——无氮微生物。要知道，氮元素向来被公认为生物体存在的先决条件。

"如果有人能够解释，为何150岁的低龄生物不含氮元素或是氮含量低到无法检测的地步，那么我将非常乐意洗耳恭听。"胡佛博士称，这些奇怪的微生物化石与他之前所见到的任何东西都不一样，当他向其他科学家展示自己的研究成果时，后者往往也是"一筹莫展"。

不过，令人兴奋的是，在多数情况下，你都可以发现它们与地球生物体之间存在着某种"亲缘关系"。在接受《福克斯新闻》采访时，胡佛博士表示，我们应当将目光从地球生命转移至更广阔的宇宙空间。许多科学家都不愿承认外星生命的存在。然而，最新的证据表明，在数十亿年前的天地大冲撞中，小行星在尚处于婴儿期的地球表面撒下了生命的种子。这是我们目前能够找到的"唯一合理的解释"。

2. 外星生命说惹争议。

"这一发现将对宇宙生命分布学说产生直接影响。"在研究报告中，胡佛博士对"外星生命说"引发的颠覆性后果几乎是轻描淡写一笔带过。

事实上，这一结论极有可能在天文学界乃至整个科

学界掀起滔天巨浪。据《宇宙学》杂志主编鲁迪·施尔德（Rudy Schild）博士介绍，鉴于"外星生命说"极具争议性，目前杂志社已邀请100名专家及5000多名科学家参与论文审议，并提供批判性分析。

克罗地亚大学的微生物学家斯蒂耶匹克·戈卢比奇（Stjepko Golubic）认为，早期化石与地球微生物的类比难以令人信服，研究所用的扫描电子显微镜也并非合适的工具。"我们有理由保持怀疑，但也应当对这一发现的重要性持开明态度。"

相比之下，SETI研究所资深天文学家肖斯·塔克塞特博士的看法更具代表性。塔克塞特博士指出，一旦"外星生命说"得到证实，它将对天文学界乃至整个科学界产生难以估量的深远影响。在地球形成初期，来自彗星的生命体正好降落在地球上，这意味着地球生命的历史与太阳系一样古老。不过，在得到另一个独立实验室的确认之前，我们还无法辨明这些"外星生命标志"的真伪。

化石——地球的无字天书

对许多人来说，"化石"一词已并不生疏，因为自然博物馆里常陈列有化石。可若问你化石是怎样形成的，它的科学意义何在，恐怕就较少有人会说得清楚了。

在漫长的地质年代里，地球上曾经生活过无数的生物，这些生物死亡后的遗体或是生活时遗留下来的痕迹，许多被当时的泥沙掩埋起来。在随后的岁月中，这些生物遗体中的有机物质分解殆（dài）尽，坚硬的部分如外壳、骨骼、枝叶等与包围在周围的沉积物一起经过石化变成了石头，但是他们原来的形态、结构（甚至一些细微的内部构造）依然保留着。同样，那些生物生活时留下来的痕迹也可以这样保留下来。我们把这些石化的生物遗体、遗迹称为化石。

简单说来，化石是古代生物死后，其遗体、遗物或遗迹被埋藏在地层里，经长期的石化作用，变成了像"石头"状的东西。比如，一条古代的鱼死了，尸体如果没被别的动物吃掉，也没被湍急的水流冲毁，而正好遇上沉积环境，被泥沙一层层掩埋起来。一年、十年、百年、千年，至少几万年甚至几亿年，软体部分腐烂了，骨头，鳍条等坚硬部分，其有机质逐步被无机质（矿物质）所置换，最后变成了化石。化石的外形还和原来骨骼一样，但是里面的有机物质已变成矿物质。

照此说来，只有在沉积岩（或叫水成岩）中才能保存有化石，火成岩、变质岩中一般不会有化石。因为火山爆发时温度很高，即便有生物遗体，也会被烧为灰烬。变质岩是在高温高压下形成的，也不可能把化石保存下来。不过，火山灰中却时有化石发现，因为火山灰飘落时已经冷却。所以，找化石，应到沉积岩地区去。不是经常有人发问，你们怎么知道哪里有化石？这是最简明的回答。

除动、植物的硬体部分如骨骼、牙齿、介壳、树干等最易保存为化石外，在特殊的情况下，有时生物的软体部分也可保存为化石。如山东山旺组硅藻土中的花朵、触须，西伯利亚冻土中猛犸象的肌肉等。这些，统称遗体化石，即生物体本身的某部分石化为化石。

有时，动物的排泄物或卵也可以形成化石，这叫遗物化石。比如各种动物的粪团、粪粒均可形成粪化石，还有蛋化石。我国白垩纪地层中的恐龙蛋化石世界闻名，过去在山东莱阳地区以及近年来在广东南雄均发现成窝垒叠起来的恐龙蛋化石。而动物运动的足印和住的洞穴等形成的化石，则叫遗迹化石。

并不是所有生物死后都能形成化石。恰恰相反，能

形成化石的只占古代死亡生物的很少一部分。而完整保存或部分完整保存的化石，又是其中很少的一部分。化石一般会被深埋在岩层中，只有在遇到地层上升的机会，或经风吹雨打，把表面的岩层风化了，化石才被暴露出来。这时如正巧遇上古生物学家去考察了，才有可能把化石挖出来。若没遇上有人去，暴露出来的化石，随同它的围岩一起，一点点被风化殆尽，化石也就告吹了。你看，采到一件化石有多难，特别是一件完整的化石，更是难上加难。无怪乎古生物学家视化石为珍宝！一只茶杯打碎了，你马上可以再去买一只来，可一件化石损坏了，尤其是珍稀标本，你可能一辈子再也找不到了。珍贵的化石不仅是出产国所有，它也是世界古生物学界的"财富"。德国的始祖鸟化石世界上许多国家都制有模型，用以展览和对比研究。我国中国猿人第一个头盖骨标本丢失后，50年来，世界许多古人类学家也一直在注意寻找。

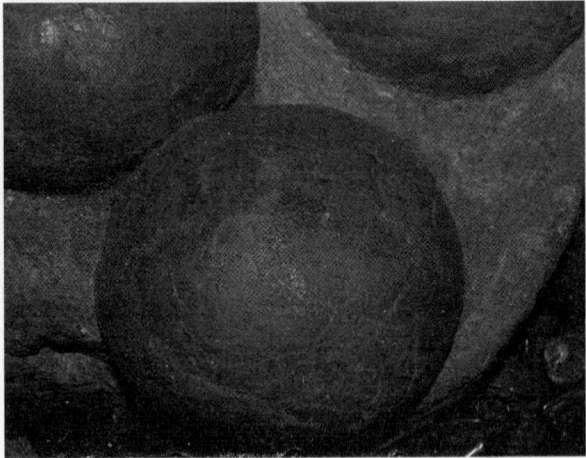

讲了这么多，那生物的化石有什么作用呢？

化石是记录生命的文字，是研究生物起源进化的科学例证。通过研究化石，科学家可以逐渐认识遥远的过去生物的形态、结构、类别，可以推测出亿万年来生物起源、演化、发展的过程，还为古生物的系统分类提供了基础。现代生物是古代生物经过漫长的地质时期发展而成的，各种生物之间都存在着不同程度的亲缘关系，从而建立了一个反映生物界亲缘关系和进化发展的自然分类系统。

化石是研究古地理、古气候的重要依据。生物化石的古生态研究是重建地史时期古地理、古气候的重要依据。每种生物都是生活在一定的环境中，是适应环境的结果。各种生物在其习性行为和身体形态构造上都具有反映环境条件的特征，利用这些特征就可以推断生物的生活环境。例如海生生物化石珊瑚、有孔虫等反映海洋环境，陆生植物叶片、树根、昆虫等则反映大陆环境。此外，生物的硬体部分还可以形成反映古环境、古气候的岩石标志，如贝壳岩反映海滨环境；生物岩礁反映低纬度暖海环境，泥炭或煤反映潮湿沼泽环境等。

化石是地球历史的见证。根据一个地质时期各种生物化石的生活环境和气候条件的研究，就可以推断该时期的海陆分布、海岸线位置和湖泊、河流、沼泽的范围等，

对地质历史的了解是十分重要的。

化石是确定地质时代、划分地层的主要实物依据。化石能够客观地反映所在地层的新老顺序，在一般情况下，地层的

三叶虫草化石

层位越高，所含化石的种类越丰富，其面貌与现代生物越接近；反之，地层层位越低，所含化石的结构越趋于简单，种类越单调。这样，科学家们可以利用化石恢复从老到新的完整地层系统，地质年代表就是这样建立的。许多无脊椎动物化石由于在短时间范围内演化迅速，特征变化明显，易于辨别，因此成为标准化石。利用标准化石可以有效地划分和对比地层，如我国古生物学家曾在广西的泥盆纪地层中分别利用珊瑚、腕足动物、牙形刺等建立起若干标准化石带，依据这些特征明确的化石，不仅可以精确地进行我国南方泥盆纪地层的划分和对比，同时还可以完

成更大范围（如与北美、欧洲等）内的国际间地层对比。

广义来说，凡从地层的岩石中挖出来的，能够为我们提供关于古代生物的体形或构造方面资料的东西，无论是直接的或比较间接的资料，都可称为化石。按此，煤、石油无疑也是化石，甚至连古人类制造和使用的工具，也可归为化石。所以，化石从这个方面来说将还有一个作用：是一种能源资源，像煤、石油。

讲了这么多，是不是觉得化石很神奇啊？它不能说话，却可以让我们了解到那么多的信息，真可以谈得上是一部无字天书！

植物的沧海桑田——石炭纪

在神奇的化石世界中，人们首先注意到的往往是各种动物化石，对植物化石认识较少。实际上，植物比动物出现得更早，植物界自形成以来，历经了亿万年的变迁，它们的演化方式与动物界相似，也经历了从水生到陆生，从低等进化到高等的过程，在地球发展历史的每一阶段都有植物参与，很难想象，地球上没有植物将会是什么样子，人类失去植物将会怎样生活。

石炭纪是植物世界大繁盛的代表时期。石炭纪开始于距今3.5亿年前，延续了约6500万年。由于这一时期形成的地层中含有丰富的煤炭，因而得名"石炭纪"。据统

石炭纪景观

计，属于这一时期的煤炭储量约占全世界总储量的50%以上。

石炭纪的气候温暖湿润，有利于植物的生长。随着陆地面积的扩大，陆生植物从滨海地带向大陆内部延伸，并得到空前发展，形成大规模的森林和沼泽，给煤炭的形成提供了有利条件，所以，石炭纪成为地史时期最重要的成煤期之一。此外，石炭纪也是地壳运动频繁的时期，许多地区这时褶皱上升，形成山系和陆地，地形高差起伏，使地球上产生明显的气候分异。按照地理环境的不同，科学家们根据石炭纪的植物分布特点划分出各具特色的植物地理区，每一植物地理区都有自己的特色植物群（flora）

和一定的生态特征。

在石炭纪的森林中，既有高大的乔木，也有茂密的灌木。乔木中的木贼根深叶茂，木贼的茎可以长到20-40厘米粗，它们喜爱潮湿，广泛分布在河流沿岸和湖泊沼泽地带。石松是另一类乔木，它们挺拔雄伟，成片分布，最高的石松可达40米。石炭纪时，早期的裸子植物（如苏铁、松柏、银杏等）非常引人注目，但蕨类植物的数量最为丰富。蕨类植物是灌木林中的旺族，它们虽然低矮，但大量占据了森林的下层空间，紧簇拥挤，蒸蒸日上。可以这样说，今天地球上之所以蕴藏有如此丰富的煤炭资源，与石炭纪时期植物界的繁盛密切相关。中国是煤炭资源大国，外国科学家们曾经指出，石炭纪森林的广袤和茂密可以从中国所产煤层的厚度上看出来，有的煤层厚度竟然超过120米，这相当于2440米的原始植物质的厚度。

植物是怎样变成煤炭的呢？由于石炭纪的植物种类繁多，生长迅速，它们死后即便有一部分很快腐烂，但仍有许多枝干倒伏后避免了风化作用和细菌、微生物的破坏。石炭纪森林的不少林地是被水浸泡着的沼泽地，死亡后的植物枝干很快会下沉到稀泥中，那里实际上是一种封闭的还原环境，在这种环境中植物枝干避免了外界的破坏，并在压实作用和其他作用下缓慢地演变成泥炭。年复一年，由植物形成的泥炭在地层中得到保存，并经历

了成煤作用后成为初级的煤炭——褐煤。褐煤是一种劣质煤，褐煤再经过长时间的压实后，才能形成真

煤炭

正意义上的煤即烟煤。褐煤转化成烟煤要付出巨大的"代价"，据地质学家们推算，0.3米厚的烟煤是由6米厚的像褐煤这样的植物质压缩而成的。

石炭纪森林分布在地球陆地的许多地方，在中国北方的华北平原，就曾保存着石炭纪的广袤森林，山西的煤层应该是最好的证据。在石炭纪时，山西大地历经海水的数次入侵，海陆频频交替。每当海水退却，陆地植物便在温暖潮湿的环境下迅速繁盛，一期又一期的森林就这样生成了。成煤的泥炭沼泽植物林中，主要以石松类、科达类、种子蕨类、真蕨类等为主，当我们今天开发山西的煤炭资源时，有谁能够知道并辨认出那些形形色色的史前植物呢？

植物进化的阶梯

根据有机体构造的完善程度，植物一般可分为低等植物和高等植物两大类。低等植物指单细胞或多细胞的叶状体，不具备多细胞构成的各种器官，通常生活在水中，它们是地球上最早的居民之一；高等植物具有由多细胞构成的各种器官，有根、茎、叶的分化，基本上生活在陆地上。现在生存在地球上的植物，已经知道的有50多万种，这个数字还不包括那些地史时期繁衍过的种类。

在漫长的地质历史时期，出现过千姿百态的植物，这些植物，有的已经绝灭了，成为地史上的过客，有的延续至今，一直为我们的地球披着浓重的绿妆。

植物的演化是一个连续发展的过程，即从最简单、最原始的原核生物一直到年轻的被子植物，每一阶段都有化石证据。古生物学家把植物的演化和发展划分成几个阶段。

1. 菌藻植物阶段。在泥盆纪以前的几十亿年间，地球上没有成形的生物体，细菌和蓝藻是最早出现的有细胞结构的原核生物，它们生存在原始海洋中。经过10亿到20亿年的漫长时间，才进化为真核生物。由于营养方式的不同，真核生物发生了分化，单细胞动物体出现了。在菌藻植物阶段，各种丝状藻类生活在海洋中，除细菌外，蓝藻最为繁盛，叠层石化石的形成是藻类活动的结果，在我国

北方震旦纪地层中就产有极其丰富的藻叠层石。

2. 早期维管植物阶段。志留纪末至泥盆纪初，植物开始登陆。这一时期，由于植物的生存环境发生了很大变化，致使植物体的形态和结构也产生了各种适应和改变，有了根、茎、叶的分化，输导系统维管束也出现了。但此时的植物仍很低级，植物体矮小，仅适宜生存在滨海潮湿低地，代表性的化石有瑞尼蕨、库逊蕨、工蕨等。过去，早期维管植物统称为裸蕨，因此这一阶段也称为裸蕨植物阶段。

3. 蕨类植物阶段。自晚泥盆世至早二叠世，裸蕨植物的后代壮大发展，出现了石松植物、真蕨植物等，它们开始有明显的根、茎、叶的分化，

种子蕨复原图，盛行于石炭纪晚期。

种子蕨复原图

输导系统进一步发展为管状中柱和网状中柱。有些植物（如种子蕨）具有大型叶，从而扩大了光合作用的面积。晚泥盆世地球上已出现大面积的植物群，乔木型植物比较普遍。石炭纪全球出现了不同的植物地理区，地层中还可发现苏铁、银杏、松柏等裸子植物化石。中石炭世至早二叠世是全球最重要的成煤时期。

4. 裸子植物阶段。晚二叠世至早白垩世，裸子植物获得空前发展，由于地壳运动加剧，古气候、古地理环境发生明显变化，蕨类植物和早期裸子植物衰减，新生的裸子植物逐渐繁荣起来。它们一般都具有大型羽状复叶，树干高大。在所发现的松柏类化石中，科达树高度可达20-30米，树顶浓密的枝叶组成茂盛、庞大的树冠。这一时期也成为地史上重要的聚煤阶段。

原始植物登陆

5. 被子植物阶段。在植物界的家族中，被子植物是出

现较晚的成员。可靠的被子植物化石见于早白垩世的晚期，到晚白垩世时，被子植物化石已很普遍，说明它们对陆地环境有很强的适应能力，以后，被子植物逐渐开始排挤裸子植物，进入第三纪就占有绝对统治地位了。被子植物已经具有完善的输导组织和支持组织，生理机能大大提高了。今天的被子植物分布极其广泛，无论是寒带还是热带，到处都可以找到被子植物的踪迹。被子植物约有27万多种，数量占整个植物界的一半还多。

瑞尼蕨

随着地球上自然地理环境的变迁，植物界自身在不断的矛盾中变化和发展着。在一定的地质时期中占支配地位的类型，其优势在发展过程中被较为进化的另一类植物所取代，这时植物界就发生了质的变化，进入了一个新的发展阶段。一些类群的自然绝灭常伴随着新类群的形成，植物界的发展过程就是这样从低级向高级，从简单到复杂，不断地变化。

真正的恐龙霸主——棘龙

在我们小时候，电视电影的动画里就一直在宣传霸王龙是最凶猛的恐龙，为恐龙霸王，导致霸王龙成为恐龙界最著名的恐龙之一。可是，真正的恐龙霸王并不是霸王龙，而是棘龙。

棘龙复原图

棘龙是生活在距今100万年前的北非大型兽脚类。棘龙有着高大的帆状物，在背部达到最高，这个帆状物有脊椎骨的脊突支撑，这个也是棘龙的重要特点之一。不过在2003年，科学家Rauhut提出棘龙的帆状物并不是它自己的，而是生活在同地点的某种大型肉食龙类的化石。对于棘龙的各种事情科学家还有很多不是很了解，因为之前德国科学家Ernst Stromer采集的最好标本已经在第二次世界大战中被盟国空军对德国慕尼黑的空袭轰炸中炸毁了。

直到最近，一些破碎的从摩洛哥等地出土的MSNM V4047标本才又让科学家可以进一步了解棘龙的各种情

况。这些化石显示棘龙的头骨长度超过1.75米，体长超过17米，最大可达19米，体重在8到30吨之间，是最大的纯两足动物和肉食恐龙，它的体重超过最大的暴龙（即霸王龙），甚至比南方巨兽龙还大，是绝对的最强大的恐龙霸王。

虽然暴龙生活在同时期的北美洲，可是如果暴龙和棘龙能够相遇也会像在《侏罗纪公园III》里一样，即使用尽浑身解数也只有被棘龙杀死的份。因为暴龙所生活的时代和地点没有其他的任何大型甚至中型肉食恐龙，而在棘龙生活的地方它不得不面对体型同样巨大的鲨齿龙和灵活的三角洲奔龙。棘龙的牙齿缺乏一般兽脚类的锯齿，不过同样可怕，因为这些牙齿上有纹理，可以增强摩擦力，如果被棘龙咬住，猎物很难挣脱。

不过关于棘龙的食性还有一定争议，有人认为棘龙以鱼类为食，不过这么大的陆地动物恐怕不能只以鱼类果

棘龙复原图

腹。它们大概也会吃鱼，因为重爪龙和似鳄龙的化石表明它们的确吃鱼，因此棘龙可能有着多样的食性。

恐龙是否已经绝灭？

众所周知，在中生代末期，称霸于地球近1.5亿年的恐龙全部绝迹了，它们永远退出了历史舞台。近年来，伴随着越来越多的新的发现，人们终于再次提出了疑问：恐龙是否已经绝灭？恐龙就不能演化成别的生物吗？

确切地说，恐龙作为爬行动物中的一支，在6500万年前就已经绝灭了，至于绝灭的原因，科学家们提出过几十种假说，其中最令人信服的是小行星撞击说，这是由诺贝尔奖获得者、物理学家阿弗雷兹等一批科学家提出的，其基本依据是地球表面的陨石坑（这些陨石坑今天已成为巨大的湖泊）和铱元素的异常。当小行星撞击地球时，引起大爆炸，形成遮天蔽日的尘埃，带来"核冬天效应"，恐龙当然在劫难逃。为什么人们又对恐龙绝灭提出质疑呢？

在中生代，恐龙并非是唯一生存在地球上的生物，就恐龙而言，它们也不全是庞然大物，恐龙中的大多数，特别是非食草型恐龙的身躯适中，有的甚至身材小巧，动作敏捷，当灾害来临时具备逃避的能力。因此，小行星撞击地球时，对大型恐龙来说，它们不便逃避，可能首当其

冲地成为牺牲品，但说全部恐龙毁于一旦恐怕未必，除非小行星在一段时限内大量地、反复地撞击地球才能给予它们（也包括其他生物）毁灭性的打击。因此，小行星撞击地球后可能使一部分恐龙遭遇灭顶之灾，但不排除仍有一部分恐龙存活的可能，它们成为恐龙的后裔在漫长的地史时期悄悄地演变发展。

古生物学家发现，在地球遭受星体撞击之前，恐龙家族中有一部分成员就开始了迅速的演化，它们变得非常聪明，其脑容量很大，身体灵巧，甚至能够像人一样用两条腿走路。这些恐龙的前、后肢比例差距明显，腕掌骨灵活度加大，前爪可以握物，奔走迅速。可以想象，这部分恐龙即使有相当数量遭到毁灭，也一定有少数幸存者。它们在以后的岁月中逐渐形成了一些新的分支，在地球这片广袤的土地上生息。

在中国辽宁北票地区，埋藏着许多珍稀的动植物化石，近年来发掘到的原始鸟类化石特别引人注目。科学家们认为，从这些原始鸟类化石身上所保存的信息可以揭示恐龙与鸟的演化关系，换句话说，恐龙没有绝灭，它们中的幸存者演化成了鸟。

关于鸟类的起源有三种假说，其中历史最悠久、最有影响力的就是恐龙演化说。早在1870年，英国著名生物学家赫胥黎就注意到鸟类与恐龙的关系。后来，科学家们

进一步注意到小型恐龙（如兽脚类恐龙）的一些重要特征，如大脑发达、眼孔大、骨骼纤细、体形灵巧等。一些古生物学家认为，小型兽脚类恐龙与始祖鸟在形态上几乎完全相似，假如始祖鸟化石上的原始羽毛没有保

翼龙复原图

存下来，很有可能会被误认为是一种小型恐龙（如虚骨龙类），它们的特征确实太相像了。

　　关于恐龙是否已经绝灭的问题，我们可以客观地承认，生活在中生代的恐龙实际上是爬行动物中的一大类，大约有800多种。当地球经历过大的灾难（如小行星的撞击等）时，绝大多数恐龙在劫难逃，和恐龙遭受灭顶之灾

的还有其他爬行动物，例如鱼龙、蛇颈龙和翼龙等。可能有少数恐龙存活下来，并形成了新的分支，一部分科学家认为正是它们演变成了今天的鸟类，目前人们正在努力寻找这方面的证据。但有一个事实不容忽视，即在恐龙之后，哺乳动物获得了空前的发展，并迅速传播和繁衍在地球的各个角落，成为地球上最有影响力的生物。

恐龙为什么会消失？

在6500万年前的一天，绿色丛林沐浴在灼热的阳光下，到处是一片宁静。一些恐龙聚集在丛林旁，它们有的相互追逐，有的在安静地吞食着鲜嫩的树叶，有几条三角龙相互偎依在一起休息，两条鸭嘴龙在窝边走来走去，正在精心守候尚未出世的幼仔。不远处丛林的阴影里，躲藏着一条霸王龙，它那凶狠的目光正注视着眼前的一切，寻找机会扑向它感兴趣的目标。

忽然，一阵沉闷的雷声隆隆响起，打破了丛林的宁静。鸭嘴龙首先警惕地伸起脖子，声音越来越大，它震撼着大地，带来了不祥。三角龙迅速地跳起来，然而，这一切都来得太迟了。大地在抖动，一块块巨大的像山一样的巨石从天而降，四周漫起了烟尘，一团团烟柱拔地而起。一瞬间，天地之间的界线没有了，到处都是黑暗，世界似乎走到了末日。几天之内，地球表面完全被烟尘覆盖，遮

天蔽日，气温骤然下降，黑暗笼罩着大地。由于没有了阳光，植物枯萎了，大量的恐龙窒息而死，侥幸活下来的因没有食物吃也先后倒了下去，地球上处处是恐龙的尸体和骸骨。

这是科学家们告诉我们的关于恐龙灭绝的故事。当时，曾有许多小行星撞击地球，强烈的撞击不仅在地球表面留下了直径约200公里的大坑，撞击时产生的高温高压还使物质气化，从而造成地球表面持续弥漫着尘埃，导致动植物大批死亡和生物链的瓦解，恐龙就是在这场突然的灾难后灭亡的。可能有少数恐龙侥幸躲过了一时的灾难，但它们不会延续很长时间，因为它们赖以生存的环境受到了彻底破坏，而恢复则需要很长的时间，等待它们的就只有死亡。

小行星撞击地球说并不是编织的神话，地层中铱元素的富集是重要的科学依据。原来，地球上铱元素含量极少，只集中在深部地核内，少量赋存于地层中的铱是从哪里来的呢？科学家们通过深入的研究，认为这些铱应该来自宇宙尘埃。70年代末，在意大利白垩-第三纪交界的黏土层中发现了铱元素高度富集，正好与恐龙绝灭的时间相吻合，随后在世界许多地区都发现这一时期地层中的铱含量异常。于是，天外来客撞击地球使铱元素赋存在地层中的假说就有了证据。根据这一假说，地质学家开始在全球

各地寻找铱异常的部位，越来越多的证据支持了这一假说，小行星撞击地球造成恐龙绝灭已成为可以接受的理论。来自天文观测的信息表明，目前太阳系已发现和命名的小行星有2200多颗，它们"访问"地球的机会毋庸置疑。另据推算，小行星陨落到地球时，撞击时所释放的能量与几百颗原子弹、氢弹同时爆炸相当，可能会有数千亿吨土壤和尘埃被抛向空中，使地球至少在几个月甚至十几个月内完全处于一片浑暗和无序状态，看来恐龙灭绝当属"天意"了。

但也有许多人对这种小行星撞击论持怀疑态度，因为事实是：蛙类、鳄鱼以及其他许多对气温很敏感的动物都顶住生存下来了。陨石撞击并不是全部的真相，除此之外，关于恐龙灭绝的主要观点还有以下几种：

1. "气候变迁说"。6500万年前，地球气候陡然变化，气温大幅下降，造成大气含氧量下降，令恐龙无法生存。

2. "物种斗争说"。恐龙年代末期，最初的小型哺乳类动物出现了，这些动物属啮齿类食肉动物，可能以恐龙蛋为食。由于这种小型动物缺乏天敌，越来越多，最终吃光了恐龙蛋。

3. "大陆漂移说"。地质学研究证明，在恐龙生存的年代地球的大陆只有唯一一块，即"泛古陆"。由于地壳变化，这块大陆在侏罗纪发生的较大的分裂和漂移现象，最终导致环境和气候的变化，恐龙因此而灭绝。

4."地磁变化说"。现代生物学证明，某些生物的死亡与磁场有关。对磁场比较敏感的生物，在地球磁场发生变化（磁极倒转以及强度的变化）的时候，都可能导致灭绝。

5."被子植物中毒说"。恐龙年代末期，地球上的裸子植物逐渐消亡，取而代之的是大量的被子植物，这些植物中含有裸子植物中所没有的毒素，形体巨大的恐龙食量奇大，大量摄入被子植物导致体内毒素积累过多，终于被毒死了。

6."酸雨说"。恐龙年代末期可能下过强烈的酸雨，使土壤中包括锶在内的微量元素被溶解，恐龙通过饮水和食物直接或间接地摄入锶，出现急性或慢性中毒，最后一批批死掉了。

7."复仇女神假说"，即彗星撞击论。认为太阳系中的彗星受一颗伴星的引力干扰，会产生数以万次的"风暴"，其

中一些"风暴"会波及地球，使地球每隔一段时间（约2600-3000万年）就遭受一次创伤，恐龙就是受到这种持续性打击而灭亡的。与宇宙带来灾难的假说有关的，还有超新星爆发说和太阳耀斑假说。

8."癌变说"。认为恐龙受外层空间中微子的穿透力致癌，恐龙很可能是因患了各种癌症后集体毁灭的。

关于恐龙灭绝原因的假说，远不止上述这几种。但是上述这几种假说，在科学界都有较多的支持者。当然，上面的每一种说法都存在不完善的地方。例如，"气候变迁说"并未阐明气候变化的原因。经考证，恐龙中某些小型的虚骨龙，足以同早期的小型哺乳动物相抗衡，因此"物种斗争说"也存在漏洞。而在现代地质学中，"大陆漂移学说"本身仍然是一个假说。"被子植物中毒说"和"酸雨说"同样缺乏足够的证据。

所有这些假说都是强调地外因素的恐龙灭绝说，但恐龙之所以绝灭，自身原因也不应忽视。

地球进入中生代晚期，生存环境发生了很大改变，恐龙的发展已经到了极限，它们不能很好地适应新的环境，恐龙尽管称霸一时，但随着一个新时代的来临，不得不让位给新兴的哺乳动物。

漫谈化石的世界之最

从最微小的植物花粉化石到最巨大的恐龙化石，使我们目睹到不同种类生物之间的差异，特别是形态上的差异。这些差异不仅展示了生物的多样性，同时也让人们展开了无穷的联想。

人们在搜集化石的时候，把兴趣更多地放到肉眼可见的目标上，这不奇怪，因为体形庞大的动植物化石最容

易吸引人们的视线。但这无形中冷落了那些体形小、肉眼难以寻见的化石。世界上最小的化石只能用毫米或微米度量，必须借助显微镜或电子显微镜才能观察和研究。微体化石是化石家族中的重要成员，无脊椎动物中的有孔虫、放射虫、牙形刺等，植物的繁殖器官孢子和花粉，以及某些藻类等都是常见的微体化石。一些更微小的菌藻类化石是超微化石的代表。所有这些化石，构成了五花八门、奥妙神奇的另一个世界，就像童话故事中的"小人国"。微体化石是人类探索地球上生命发生和演化的关键环节。

在化石的"巨人"领域里，可以发现许多世界之最。软体动物门中的头足类有许多"巨无霸"，古生物学家在头足类繁盛的奥陶纪地层发现过体壳长达10米的鹦鹉螺。在奥地利的戈绍盆地，人们曾发掘出世界上最大的菊石，它们的壳是旋卷型的，直径超过了2米，如果没有沉积物充填，可以躺进去一个人。

在鱼类化石中，原始盾皮鱼类出现在泥盆纪，其中节甲鱼的体型最大，长度可达10米，我国四川江油县就发现过这种鱼化石。鱼类中的重量级冠军是鲨鱼，产于第三纪地层中的著名白鲨化石，在张开的嘴中可以站立一个人，其身躯之高、身体之长就可想而知了。

爬行动物在中生代繁盛一时，恐龙是众所周知的庞然大物。当然，恐龙也不一定都是很大，近年来美国哥伦

比亚大学的古生物学家在美国、加拿大边境地区考察发掘到一批珍贵的袖珍恐龙，其中有一只恐龙从足印化石测量出其足长仅2厘米，整个身躯不过和麻雀一样大。

最大的恐龙当属食草类恐龙，在我国四川自贡恐龙博物馆陈列的标本中，最引人注目的是天府峨嵋龙，它身长20米，高10米，估计它的体重在40吨左右，但它只是亚洲第二号恐龙，目前亚洲最大的恐龙是合川马门溪龙，这条恐龙"巨人"全长22米，光是脖子就有9米长，如果把它的脖子伸直，有三层楼房那么高，估计活着时的体重有50吨。1972年，在美国科罗拉多州曾发现了巨大的恐龙骨骼，研究认为，这是食草类恐龙腕龙的化石，根据对骨骼测量后的推算，它的体长可达30米。七年后又在这一地区发掘到新的骨骼材料，据悉这条恐龙长达30.5米，头以下的高度就达18米，被称为超级恐龙。

食肉类恐龙中最有名的就是霸王龙，霸王龙最早发现于北美，在我国山东、河南、新疆等地也有发现。它的体长一般在15-20米左右，高5-6米，体重8-10吨，相当于三头大象体重的总和。头骨一般长1.2-1.5米，嘴可以张开很大，嘴里布满锋利的牙齿，每颗牙齿足有20厘米长，为食肉动物。

中生代的爬行动物不仅占据了陆地，也扩展到了海洋和天空。我国科学家曾在珠穆朗玛峰地区海拔4800米的

聂拉木县发现了珍贵的鱼龙化石，这条鱼龙长达10米以上，被命名为喜马拉雅鱼龙。1984年，在法国里昂也发现过大小相近的鱼龙化石，全世界已知的50具较完整的鱼龙化石中，体长在10米以上的的确不多见。翼龙是翱翔在空中的爬行动物，人们曾在美国堪萨斯地区发现过翼长8米的翼龙，但翼龙的身躯比较小，通常与火鸡相似。最大的翼龙是产于中生代晚期的巨翼龙，翼长可达12米。

说到哺乳动物化石的"巨人"之最，自然是非大象化石莫属了。产于我国的东方剑齿象，在体形上远远大于现代的亚洲象和非洲象。猛玛象最高达3.5米，体长约6

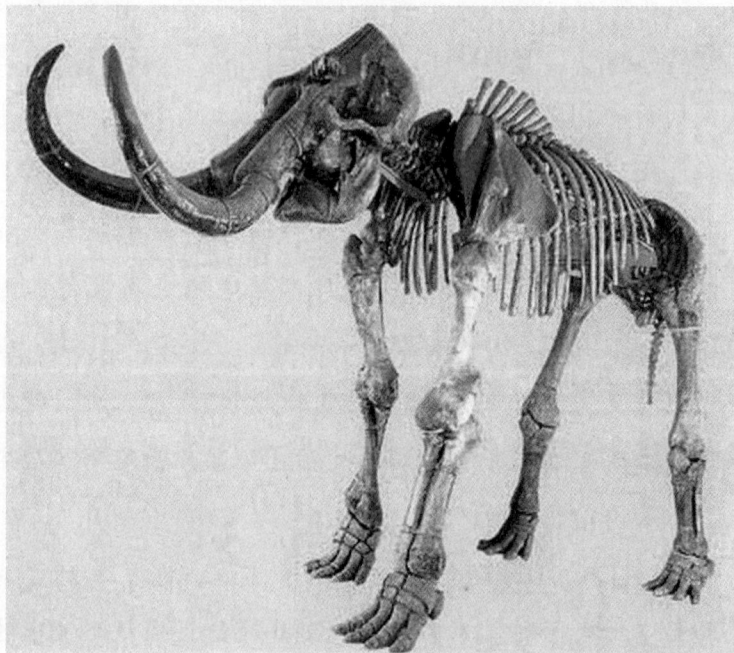

米，一对长而弯曲的巨牙，长度就在3米以上。七十年代初，在安徽怀远县发现一具长8米、高4米多的体形巨大的象化石，经古生物学家研究，确认为古棱齿象，它生存在30万年前的更新世晚期。

在鸟类中，体型最大的是恐鸟，这种绝灭了的巨型鸟主要分布在南半球，是早期鸟类向大型化发展的一个分支。十八世纪中叶，英国探险家们曾在新西兰目睹过这种巨鸟的风姿，据悉这是人类最后一次见到这种巨大的鸟类。恐鸟与鸵鸟神态相似，前翅退化，不能飞翔，靠两条粗壮的后腿奔跑。恐鸟的体高可达4米，估计体重在200公斤以上。恐鸟的蛋与篮球大小相仿，壳厚不易破，小恐鸟出世后，个体比鸡还要大。

在植物界中，超级"巨人"是硅化木，硅化木是高大乔木保存在地层中形成的化石。世界上最长的硅化木化石产在中国江西玉山县，它的主干长28米，直径达1.1

米，重约60吨，比藏于意大利博物馆中原称"世界之最"的硅化木长出1倍，是目前世界上保存最长的硅化木化石，但还不是最粗的。最粗的硅化木发现于新疆北部将军庙地区，在那片巨大的硅化木林中，许多树干的直径都超过2米，最粗的需要七八个人才能合抱，堪称世界第一。而这片巨型硅化木林也是全球保存规模最大的硅化木林，在12平方公里范围内，暴露于地表的硅化木数以百计，树基和断残的树干一个接一个，仿佛是刚刚被砍伐过的原始森林。

世界上数量最多的化石在动、植物界各有代表，植物界自然是花粉，

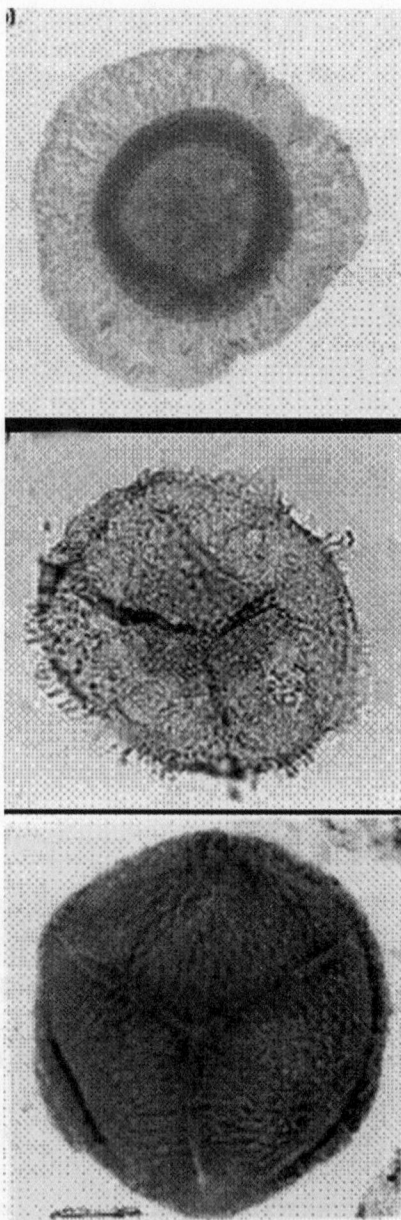

形态各异的植物花粉化石

想象一下弥散在空气中的现代花粉就知道它们的数量之大了，但这些微小的植物生殖器官只是在中新生代的地层中才出现。在动物界中，海绵骨针化石是数量最多的化石。海绵骨针是海绵动物骨骼的主要单元，它们分布在几十亿年间不同时代的地层中，十分微小，但形态多样，数量不计其数，世界各地都有在地层中发现富集的海绵骨针层的报道。

　　世界上数量最大的恐龙蛋化石产地在中国河南西峡地区，在那里，有世界上分布面积最大、数以万计的形形色色的恐龙蛋化石。

　　世界上最重要的鸟类化石产地也在我们中国，在辽宁北票等地先后发现孔子鸟、中华龙鸟等震惊世界的化石，为研究爬行动物向鸟类演化提出了最有利的证据。

化石发现地点在澳大利亚的皮尔巴拉地区

最古老的生物化石

一个由西澳大学的戴维·瓦塞（David·Wacey）博士和牛津大学的马丁·布拉西耶（Martin·Brasier）教授组成的科研小组，在澳大利亚的西澳地区发现了世界上最古老的单细胞生物化石，距今约有34亿年。他们在2011年8月21日出版的《自然·地球科学》杂志上报告了这一研究成果。

据美国《纽约时报》网站报道，这些化石是在西澳斯特雷利池（Strelley Pool）底部岩层的砂岩中找到的。他们所发现的细胞化石看起来"前途无量"。

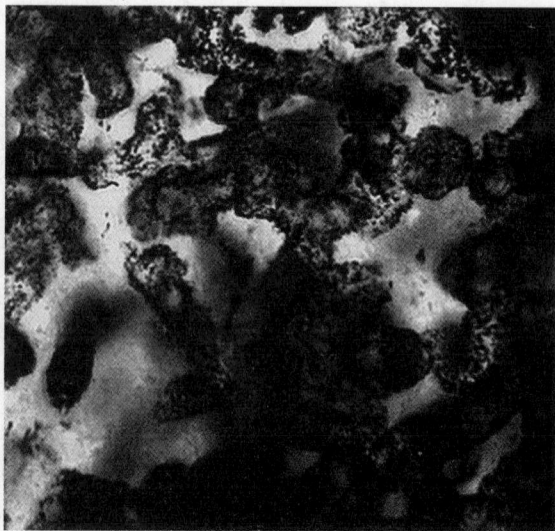

最古老的生物化石

它们是中空的，一些成群聚集在一起的细胞看起来像被膜一样的物质所包围着。经过对岩石切片的检验，科学家们发现了与活体细胞相似的结构。这些结构上分布着一些斑点，在先进技术的帮助下，研究成员通过深

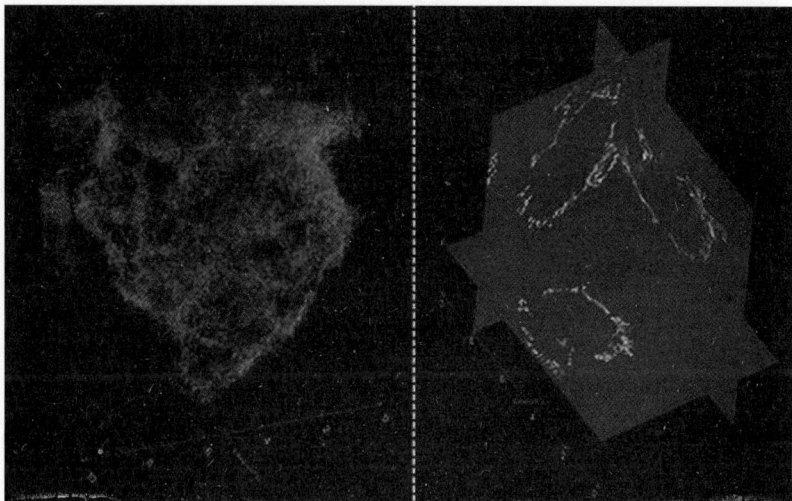

三维技术复原的生物化石，直径大约为10微米

入研究，推断出斑点分别为细胞壁上的碳、硫、氮以及磷等多种元素。另外，化石中还含有古微生物排泄物的遗迹——黄铁矿。34亿年前，地球上缺少氧气，微生物的食物是含硫化合物，而黄铁矿是微生物新陈代谢后的产物。

参与研究的马丁·布拉西耶教授说："在这些化石形成前，当地曾发生火山喷发。化石形成后，当地再次发生火山喷发。两次火山喷发后形成的保护层不仅防止化石被破坏，而且为科学家提供了判断化石形成时间的依据。根据两次火山喷发的时间，科学家测定这批化石的年龄为34亿年。"

发现这批化石对于研究生命起源具有重要意义。此前，科学家推测，在约35亿年前，地球上就已经存在生

命，但长期没有找到化石证据。并未参与该项研究的美国加利福尼亚大学洛杉矶分校的地质学家Bruce Runnegar认为，这项研究工作代表了"地球最早期生命本质一些最棒的证据"。

> ## 小知识链接
> 日心说，认为太阳是银河系的中心，而地心说认为地球是银河系的中心。

走近进化论

19世纪中叶，达尔文创立了科学的生物进化学说，进化论是人类历史上第二次重大科学突破。第一次是日心说取代地心说，否定了人类位于宇宙中心的自大情结；第二次就是进化论，把人类拉到了与普通生物同样的层面，所有的地球生物，都与人类有了或远或近的血缘关系，彻底打破了人类自高自大，一神之下、众生之上的愚昧式自尊。

那么进化论的主要内容是什么呢？

简单来说，今天的进化论认为，大约一百到二百亿年前，宇宙形成。宇宙中存在自生自长的规律，使一切可以由简到繁、由低级到高级不断地进化、发展，这种进

化、发展至今仍持续不断。

　　大约四十五亿年前，地球形成。在假想的原始宇宙环境里，地球上布满火山、雷电、宇宙射线等等。一些基本的分子、原子，渐渐变化，从简单到复杂，由无机物变成有机物，由有机物演化出蛋白质、核酸、脂类物质等等，最终产生生命。

　　后来，单细胞生物逐渐进化到多细胞生物，生物又从低级到高级，依此从鱼类、两栖类、爬虫类、哺乳类到猿猴类，最后进化到人类。在这一过程中，生物体不断发生变异（或者突变），那些在生存竞争中具有优势的突变体，就被自然界选择出来，经过漫长的岁月，反复的突变、选择，终于产生了人。

　　在进化论当中有一个非常重要的过程，那就是自然选择。自然选择被认为是生物进化过程中的一个关键机制，其主要内容有四点：过度繁殖，生存斗争（也叫生存竞争），遗传和变异，适者生存。

　　过度繁殖：繁殖过剩是达尔文自然选择理论的基本条件。达尔文的理论认为，地球上的各种生物普遍具有很强的繁殖能力，且都有依照几何比率增长的倾向。达尔文指出，象是一种繁殖很慢的动物，但是如果每一头雌象一生（30～90岁）产仔6头，每头活到100岁，而且都能够进行繁殖的话，那么到750年以后，一对象的后代就可达到

1900万头。因此，按照理论上的计算，就是繁殖不是很快的动植物，也会在不太长的时期内产生大量的后代而占满整个地球。如果没有过度繁殖，自然选择就不会进行。所以，在自然环境中任何生物都不可能无限增加个体。

生存斗争：生物的繁殖能力是如此强大，但事实上，每种生物的后代能够生存下来的却很少。这是什么原因呢？达尔文认为，这主要是繁殖过度引起的生存斗争的缘故。任何一种生物在生活过程中都必须为生存而斗争。生存斗争包括生物与无机环境之间的斗争，生物种内的斗争，如为食物、配偶和栖息地等的斗争，以及生物种间的斗争。由于生存斗争，导致生物大量死亡，结果只有少量个体生存下来。但在生存斗争中，什么样的个体能够获胜并生存下去呢？达尔文用遗传和变异来进行解释。

遗传和变异：遗传是生物的普遍特征，生物有了这个特征，物种才能稳定存在。但生物界同时普遍存在变异。每一代都存在变异，没有两个生物个体是完全相同的，变异是随机产生的，是可遗传的。这样的变异一代代积累下去就会导致生物的更大改变。

适者生存：达尔文认为，在生存斗争中，具有有利变异的个体，容易在生存斗争中获胜而生存下去。反之，具有不利变异的个体，则容易在生存斗争中失败而死亡。这就是说，凡是生存下来的生物都是适应环境的，而被淘

汰的生物都是对环境不适应的，这就是适者生存。达尔文把在生存斗争中，适者生存、不适者被淘汰的过程叫做自

两只东北虎在中国东北相互厮打

然选择。达尔文认为，自然选择过程是一个长期的、缓慢的、连续的过程。由于生存斗争不断地进行，因而自然选择也是不断地进行，通过一代代的生存环境的选择作用，物种变异被定向地向着一个方向积累，于是性状逐渐和原来的祖先不同了，这样，新的物种就形成了。由于生物所在的环境是多种多样的，因此，生物适应环境的方式也是多种多样的，经过自然选择也就形成了生物界的多样性。

金鱼品种的形成，是自然选择还是人工选择？

金鱼是一个具有很大观赏价值的鱼品种，很多人都喜欢饲养。金鱼是中国特有物种，是古代人经过精心饲养而来。而金鱼的真正祖先是野生的鲫鱼。在江河湖泊中，

野生鲫鱼都是银灰色的。古代人偶见野生金黄色的金鲫鱼，认为是非常神秘的东西，因而不敢侵犯它，故将它带回家中饲养，经过长期的培育形成了如今的品种。那么金鱼的形成是什么原因呢？

一直以来比较流行的观点认为，金鱼品种形成的因素有两个：一是生活条件的改变；二是人工选择的结果。但现在较科学的观点认为：

生活条件的改变并不是品种形成的原因。生活条件是金鱼品种形成的原因，这一观点似乎很容易被人们接受。的确，生活条件的改变是可以使生物体性状发生一些变异的。但是环境只是改变生物的表现性状，但是这些外表形态一般说来是不遗传的，这是大家都知道的事实。比如，中国人是黄种人，如果一个中国小孩从小生活在室内，不接触阳光，那么这个小孩的皮肤会很白皙，可是这个白皮肤并不会遗传给小孩，以后他的孩子还是黄皮肤。再比如说，一个单眼皮的女孩做整形手术，变成了双眼皮，可是她的双眼皮并不会遗传给她的小孩，她的孩子还是单眼皮。所以，金鱼的形成并不是因为金鱼的生活条件改变了。因为生物与环境之间并不能传递信息，所以，环境不能决定遗传性状。

从外部形态来看，金鱼与野生鲫鱼完全两样，几乎没有一个性状没有发生变异。根据达尔文的进化理论，生物的变异一般会有利于适应环境，然而这些变异对于金鱼本身来说并非有益。如水泡眼、龙睛、翻鳃、珠鳞、绒球等，这些变异的性状又有何环境适应性呢？但是在饲养者手里，却把这些变异视为宝贝，经过淘劣选优而被保留了下来，成为名贵品种。而有些变异如单尾、残缺背鳍、残双尾等则被淘汰了，因而一般观赏者看不到，但这些单尾、残缺背鳍等的变异还经常在金鱼的后代中出现。这些事实很难用生活条件的改变来解释的，更何况最初发现的红黄色金鲫鱼与野生鲫鱼同处于一个自然环境中。因此，生活条件的改变作为金鱼品种形成的原因是不能成立的。

金鱼品种形成的真正因素是人工选择的结果。现代生物学已证明，生物发生可遗传的变异是客观存在的，即生物的变异是时时刻刻存在的，它是生物进化的原始材料。生物突变的发生是不定向的，当然这些变异中也应包括有适应环境的变异，但绝大多数是不适应的变异。所谓适于环境的变异，则是选择（自然选择或人工选择）的结果，适者生存，不适者被淘汰。因而留下的物种变异都是适应环境的。因此，如今金鱼形态各异的品种是我们人工选择的结果。

人工选择，是指通过人工方法保存具有有利变异的个体和淘汰具有不利变异的个体，以改良生物的性状和培育新品种的过程，或者培养适合人类需要的生物品种或形

状叫人工选择。比如，人们选择具有鱼泡眼的金鱼，淘汰其他眼睛的性状，所以如今的金鱼都是鱼泡眼。金鱼的这一性状的保留就是人工选择的结果。

突变的出现，一般和生物的生活条件没有明显的关系，生活条件不能成为金鱼品种形成的原因。突变也不是定向的，例如金鱼的眼睛，既可突变成龙眼，也可突变成朝天眼和水泡眼。只有突变才能产生新的基因。比如金鱼的眼睛，如果不发生突变，它也只能是正常眼，而不会有其他的眼睛性状出现。发生了突变，才出现龙眼、朝天眼、水泡眼等。所以说，突变是生物进化的基础，没有突变，生物不会进化。

金鱼有了突变，经过饲养者仔细观察，由无

金鱼

意识的选择到有意识的选择而形成各个不同品种。有了突变种，人们还可以利用其进行杂交和人工选择，培育成新品种。杂交在生物育种中获得了广泛的应用，在金鱼育种上也不例外。

生物的遗传与变异是对立统一的。以金鱼为例，尽管金鱼发生各种各样的形态变异，可金鱼仍和鲫鱼是同一物种。所以生物有遗传保守的一面，以保持物种的相对稳定性。可是不同品种的金鱼，它们的形态各异，因此又有变异的另一面，使物种出现新的变异，得到新的发展。遗传是相对的、保守的，而变异是绝对的、前进的。没有遗传，不可能保持物种的相对稳定性；没有变异，就不会有新的性状发生，也就不可能有物种的进化和新品种的选育，也不可能出现今天成千上万的物种。

综上所述，可以得出这样的结论：金鱼品种形成的原因是突变、杂交和人工选择这三大因素。而在这三大因素中，突变是基础，杂交和人工选择是手段。人工选择在金鱼品种形成中起着重要的作用。

达尔文进化论是剽窃？

达尔文的生物进化论是19世纪最重要的科学成果，被誉为19世纪自然科学三大发现之一。但是，据英国《独立报》10月16日报道，英国科学家的研究成果表明，在达尔

文《物种起源》一书出版前60年，英国就有人写过观点类似的书。

1. 苏格兰乡绅首创进化论。

保罗·皮尔森是英国加的夫大学教授，研究古代气候学，业余时间喜欢研究科技历史。一次偶然的机会，皮尔森教授发现了一位叫做詹姆斯·哈顿的人在1794年撰写的学术著作，结果在这些鲜为人知的文章中发现了达尔文进化论的内容，但哈顿却比达尔文整整早了60多年！哈顿是一位18世纪后期居住在苏格兰首府爱丁堡的乡绅，他喜爱从事农业生产，后来对岩石的形成产生了极大的兴趣并取得了一定的成果，被后人称为现代地质学之父。皮尔森教授花费了大量时间，在苏格兰国家图书馆阅读了哈顿当年的著作之后，得出结论，哈顿在达尔文之前就独立形成了生物进化中物竞天择的观点。他说："尽管哈顿从来没有用过物竞天择这个词，但是他明白无误地提出了'物竞天择，适者生存'的原则。"

2. 他抓住了进化论的核心。

皮尔森教授说，哈顿是一个热心的实验主义者。因为他在农业方面的兴趣，哈顿观察到动物和植物中的遗传和变异情况。尽管哈顿提出了与物竞天择说类似的理论，但是直到今天还没有人仔细研究过他的著作。皮尔森教授在苏格兰国家图书馆细细阅读了哈顿撰写的三卷本《知识法则》，他发现其中一部分章节论述了物竞天择说。皮尔森教授认为，在哈顿生活的那个时代，这本书因为内容冗长、晦涩难懂受到批评，因此很少有人注意到它的存在。哈顿书中的观点抓住了物竞天择说的核心：生物的特征可以遗传，某些能够在生存中产生有利影响的特征遗传给下一代的可能性更大。他提到了一个用狗做的试验，如果狗的活动敏捷、视力敏锐就能生存下去并繁衍后代，而那些在这些方面有缺陷的狗将会最终灭亡。他甚至解释了达尔文后来提到的"变异法则"，这个法则无论是在森林还是在草地都会影响植物。

3. 进化论提出者共有四人。

在为这个问题进行了30年的研究之后，达尔文已经掌握了大量的证据，但是他却没有立即发表自己的成果。后来，当他得知阿尔弗雷德·罗素·华莱士也已独立完成了这个理论的时候，达尔文最终在1859年发表了《物种起源》。

后世对达尔文的宽宏大量非常钦佩，因为他同意让华莱士与他一起发表论文。达尔文还承认，其他两位也是早在几年前就独立提出了物竞天择说观点的科学家。

其中一个是帕特里克·马修，他在1831年出版的一本著作的附录中提出了这个理论的概况。另外一个是一名内科医生，威廉·韦尔斯，他在1818年形成了对物竞天择和人类进化论的基本观点。但是，让皮尔森教授感兴趣的是，哈顿、马修、韦尔斯和达尔文四位与物竞天择说有关的科学家都在爱丁堡学习过。

达尔文曾在爱丁堡学习

在致《自然》杂志的一封信中，皮尔森说："18世纪后期，韦尔斯、马修和达尔文都在爱丁堡接受过教

物种起源
Darwin
（英）达尔文 著 | 李克标 高里 编译
大师经典 通俗阅读
经典通读
让人类真正认识自然和自己的创世巨典
在社会竞争中思考"物竞天择，优胜劣汰"的生存法则
北京出版社

达尔文的《物种起源》

育，而哈顿以前正好住在那里。这不是一个简单的巧合，我们并不是说达尔文剽窃了哈顿的理论。但是很可能达尔文在学生时代就接触了这个理论，然后又淡忘了它。当他后来试图解释自己观察到的很多现象时，突然之间灵光一现，这个理论出现在他的脑海中。"

据悉，18世纪末、19世纪初，达尔文曾经在爱丁堡学习医学，那时哈顿的生物进化观点在学术界被广泛讨论。历史学家曾经对达尔文所做的大量笔记进行过研究，结果表明达尔文的确是独立研究形成了物竞天择和进化论的学说。

4. 达尔文最后摘走了桂冠。

在基因被发现之前很长时间，哈顿就形成了对自然和繁殖的观点。他发现在贫瘠的土壤中长大的种子结果后，它的后代在肥沃的土壤中生长时照样会很茂盛。但是，因为他认为一个物种不能进化成另外一个物种，因此没有取得知识优先权。皮尔森教授说："他反对这个观点，认为这是一个'浪漫的幻想'。"与他那个时代所有的人一样，哈顿认为世间万物都是上帝创造出来，为人类服务的。

皮尔森教授说："达尔文将物竞天择说应用到了物种的变异上，并且掌握了足够的证据说服了全球的科学家，因此他取得了成功。"

第三章　举步维艰的哺乳动物

地球是一个历史的大舞台，任何生命都可以在这个舞台上表演。不同时期舞台上的表演就不一样，节目里的角色演员更是不一样！何况，每个节目里都会有主角和配角。

恐龙在地球历史的很长一段时间是舞台的霸主，可是，随着地球历史的前进，恐龙不得不让出主演的宝座！那现在地球的舞台上，谁是节目的主角呢？

答案当然是哺乳动物。那哺乳动物正在这个舞台上表演什么精彩节目呢？快和牛牛一起来观看吧！

哺乳动物起源之谜

在当今的地球上，最强大的物种无疑是我们人类。而从生物分类学上讲，我们人类属于哺乳动物。也就是说，而今的世界是哺乳动物的世界。然而在6500万年以

前，地球上最强大的统治者并不是哺乳动物，而是爬行动物恐龙。哺乳动物是怎样取代恐龙在地球上走向繁荣的呢？最新的科学研究揭示了哺乳动物更完整的进化树，发现哺乳动物最初出现的时间有两次，一次在1亿到8500万年前，另一次在5500万年前到3500万年前。

恐龙大灭绝

体型巨大，形态各异的恐龙一直吸引着人们的兴趣，很多描绘恐龙的书、电影逼真地再现了恐龙的形象。在两亿多年前遥远的中生代，大量的爬行动物在陆地上生活，因此中生代又被称为"爬行动物时代"，地球第一次被脊椎动物广泛占据。那时的地球气候温暖，遍地都是茂密的森林，爬行动物有足够的食物，逐渐繁盛起来，种类越来越多。

小知识链接
脊椎动物包括鱼类、鸟类、爬行动物、两栖动物、哺乳动物这五类动物。

恐龙是所有爬行动物中体格最大的一类，很适宜生活在沼泽地带和浅水湖里，那时的空气温暖而潮湿，食物也很容易找到，所以恐龙是当时地球上的统治者。但不知

什么原因，它们在6500万年前很短的一段时间内突然灭绝了，今天人们看到的只是那时留下的大批恐龙化石。关于恐龙灭绝的原因，至今尚未完全查明，人们仍在不断地研究之中。

长期以来，最权威的观点认为，恐龙的灭绝和6500万年前的一颗大陨星有关。1980年在一个科学讨论会上，美国地质学家阿尔瓦雷茨等人根据他们的研究成果，形象生动地宣讲了一段发生在距今6500万年前的惊心动魄的故事：

"在一个阳光灿烂的下午，烈日照耀下的热带灌木林平静而充满生机，许多不同种类和形态的恐龙像往常一样或在林边小憩，或在湖边漫步，或在水中觅食；在森林的边缘，一只刚刚孵完卵的鸭嘴龙正在蛋巢边来回踱步；在一片开阔的原野上，一只霸王龙正准备扑向一只巨大的三角龙。

突然，一声从来没有听到过的巨响打破了这个宁静的世界。一个直径几公里大的流星猛烈地撞到地球上。这一撞可了不得，相当于几万个原子弹威力的爆炸在顷刻间发生。这是一颗不期而至的小行星，与地球碰撞后产生的撞击力大得惊人，卷着尘埃的一个巨大的蘑菇云迅速升起，直冲天空，而后弥散开来，最后把整个地球都笼罩在里面。很快，恐龙就彼此看不见了，因为黑云遮天蔽日，白天也没有了阳光。这种恐怖的状况持续了一两年。植物的光合作用中断了，因而大量枯萎、死亡，吃植物的素食恐龙因此相继死去，以后，吃肉的恐龙由于失去了食物而灭绝。"

这段故事是小行星撞击地球造成恐龙大灭绝学说的精华。后来不断地被许多科学家给予支持。有些科学家甚至认为地球在这个时期不仅经历了一次较大的行星撞击，而且还接连受到了许多次小一些、但是依然严重威胁生命的小行星撞击，其中可以证实的有在加勒比海和美国的依阿华州发现的行星撞击的痕迹。

小知识链接

进化树是根据各类生物间亲缘关系的远近，把各类生物安置在有分枝的树状图表上，简明地表示生物的进化历程和亲缘关系的一种图表。

这一假说的证据还来自于在世界各地发现的6500万年前的沉积物中存在的一种氨基酸。这种氨基酸含有大量的铱元素，大量的存在于某些天体里，而铱元素在地球上根本不应该存在。这层富含铱元素的地层在北美洲、欧洲和澳大利亚的许多地区都被先后发现，在我国西藏的冈巴地区几年前也发现了这层含铱元素的地层。

哺乳动物曾和恐龙同行

　　有的科学家认为，这次爆炸使所有恐龙都灭绝了。但也有一些科学家认为，只有70%的恐龙在当时灭绝，其他的一些恐龙种类则勉强地躲过了劫难，可是在随后的几百万年里又逐渐绝灭了。后一种说法并非没有道理，因为在6500万年前的这次事件以后形成的地层里，仍有一些恐龙骨骼被发现。例如，在美国新墨西哥州6000万年前上下的地层中就曾经发现了恐龙的残骸；在阿拉斯加新生代的冻土带里，也发现过三角龙的化石。这些现象似乎说明，在这次小行星撞击地球引起的大爆炸以后，仍然有一些恐龙挣扎着生活了几百万年的时间，最后才因为不适应新的气候和新的环境而最终相继灭绝。

恐龙让出了统治地位，哺乳动物迎来了繁荣的机遇，但是哺乳动物是如何走向繁荣的呢？新的关于哺乳动物进化树的研究给我们带来了新的认识。

许多古生物学家认为哺乳动物起源于5600万年前，但科学家近期在美国《科学》杂志上发表的新研究表明，哺乳动物有两个最古老的类群却出现于1亿多年前，哺乳动物的祖先和恐龙同期生活过。

研究人员报道说所有哺乳动物起源于现在的非洲，而不是起源于古代北方大陆。他们的分析表明，哺乳动物可以整齐地分为4个类群。例如，最古老的类群包括大象、土豚和蹄兔。另一类群包括犰狳、树懒和食蚁动物等。一些更为普通的哺乳动物：啮齿类动物、野兔和灵长类组成第三个类群，第四个类群由食肉动物、鲸、牛和马等组成。而前两个类群在一亿多年前就已经存在过，即哺乳动物曾经和恐龙生活在同一个时期同一片土地。

漫长的分化之路

恐龙走了，哺乳动物并没有立即繁荣起来，研究表明，哺乳动物是在恐龙灭绝后的相当长一段时间里才利用进化上的有利时机，迅速繁荣起来的。

6500万年前突如其来的宇宙小行星撞击地球导致了恐龙和其他很多生物的灭绝，这就是生物进化史上著名的生物大灭绝事件，当时75%～80%的物种灭绝。长达数亿年之久的恐龙时代在此终结，这次生物大灭绝事件最大的贡献在于消灭了地球上处于霸主地位的恐龙及其同类，为哺乳动物及人类的最后登场提供了契机。现代哺乳动物的祖先才得到繁衍昌盛的机会。

在恐龙灭绝的时候，哺乳动物还非常小，介于鼩鼱和猫的体型之间。长期以来，人们持一种观点，认为由于恐龙灭绝，新哺乳动物有了更多的食物和栖息地而大规模繁殖，由此形成了一些新的物种。新的研究表明，在某种程度上，这种现象确实发生了，但是这些新形成的物种并没有留下后代。现代哺乳动物，如啮齿类动物、猫科动物、马、大象以及人类的祖先并没有在这个时期出现。相反，这些动物的祖先是在1亿年前到8500万年前和5500万年前到3500万年前两个时间段出现了大爆炸式的演化，即进化地非常迅速。

哺乳动物的进化时间与先前通过哺乳动物DNA进行的研究结果是一致的，比采用化石研究得出的结论要早一些。第二次大爆炸式演化出现的时间是通过化石记录得出来的。这些结论解释了为什么不能在那个时期找到现代动物的祖先——恐龙的灭绝并没有引发进化，这些动物的祖先依然很原始。

　　科学家在近期出版的英国《自然》科学期刊上发表了他们的上述研究结果，他们发现，事实上，大多数哺乳动物，包括灵长类、啮齿类和有蹄类的祖先是在6500万年前的大灭绝之前就出现了，并且成功地躲过了这次大灭绝。直到大灭绝后的1000万到1500万年，存活下来的各个哺乳动物种系开始走向繁盛并多样化起来。有些哺乳动物确实从这次大灭绝中得到了好处，但它们和现存的哺乳动物关系较远，其中的大部分在随后的进化中灭绝了。

　　科学家分析了40多个现存的哺乳动物种系，发现哺乳动物的多样化速度不是原来认为的恐龙灭绝后哺乳动物多样化速度会加快。其他科学家认为这项研究成果打开了更好了解哺乳动物进化历史的大门，也迫使人们重新去研究影响较晚期哺乳动物繁荣发展的生态和其他因素。

　　因此，哺乳动物真正兴起的原因不是恐龙的灭绝，而是在后期的进化过程中对环境的适应慢慢发展而来的。

　　现在摆在科学家面前最大的问题是，为什么现存哺乳动物的祖先经历了那么长的时间才分化开来？我们对大灭绝后的生态环境还知之甚少，是不是大灭绝后的生态环境变化延缓了哺乳动物的分化？相信进一步的研究将给我们描绘出哺乳动物逐渐走向繁荣，最终成为现在地球统治者的壮丽画卷。

令人伤脑筋的鸭嘴兽

世界上只有两种人不犯错误：未出生的孩子和已经死了的人。"没有不犯错误的完人"这句话，今天恐

鸭嘴兽

怕谁都会这样说，然而在前些年，这话是断然说不得的。这要从我在澳大利亚所看到的一种特殊动物谈起。

那是初春的一个上午，我在澳大利亚南部塔斯马尼亚岛上，看到一种非常奇特的动物，叫鸭嘴兽。它既是哺乳类，又会下蛋；既像鸟类，又像爬行类。

据说，当1880年一个鸭嘴兽标本从当时的英国殖民地澳大利亚送到伦敦时，曾使英国有名的生物学家们大发雷霆。他们断言，这个标本是几种不同的动物拼凑起来的，并扬言要追查是什么人敢如此恶作剧。这拍案者之一，就是恩格斯。

按照传统的概念，哺乳动物必须胎生，而不会下蛋。革命导师恩格斯也一度拘泥于这种认识，后来在实践的检验面前才改变认识，并把它作为教训，提示别人，引以为鉴，给人们树立了一个重视科学、实事求是的榜样。恩格斯在1895年给康·施米特的信中说："我在曼彻斯特看见过鸭嘴兽的蛋，并且傲慢无知地嘲笑过哺乳动物会下蛋这种愚蠢之见，而现在这却被证实了！因此，但愿您不要重蹈覆辙！"

鸭嘴兽有一个平而扁的阔嘴巴，短而钝的粗尾巴，还有一对蹼，乍看起来，同家鸭差不多。而它那身漂亮而柔软的灰色绒毛，又可与我国的特产水獭媲美。

鸭嘴兽实在是很怪的。说它是兽类吧，它却是靠下蛋繁殖后代；说它是爬行动物吧，可它孵出的后代都是靠哺乳喂养的。真是"不伦不类"。我们知道，一般从蛋中孵出的小动物是不吃奶的，如鸡、鸭、鸟、蛇；而一般吃奶的动物是胎生的，不下蛋的，像猫、狗、猪、羊。

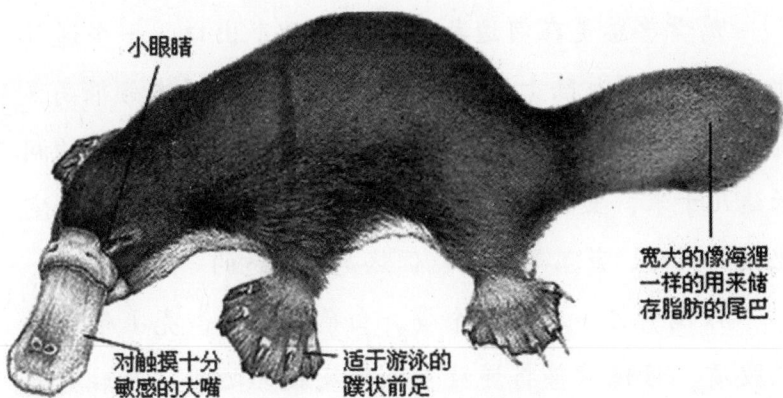

小眼睛

宽大的像海狸一样的用来储存脂肪的尾巴

对触摸十分敏感的大嘴

适于游泳的蹼状前足

由于鸭嘴兽既下蛋，又吃奶，生物学家们伤透脑筋，不知道该把它列入哪一类动物。经过多年的争论不休，最后，只好以毛和奶作为决定分类的依据，将鸭嘴兽列入哺乳类，称它为"卵生哺乳动物"。因为世界上只有哺乳动物有圆的毛（鸟类的羽毛是扁的）和分泌真正的乳汁，而这两个特点鸭嘴兽都具备。

雄鸭嘴兽有50多厘米长，雌的略小。它们的腿短而强壮，各有五个趾，趾端为钩爪，趾间的蹼便于游泳。它那长着粗毛的尾巴，游泳时可当"舵"。它的眼睛很小，没有耳壳，锁骨和鸟喙骨很发达，这些方面又像鸟类。

鸭嘴兽习惯于白天睡觉，晚上出来觅食。青蛙、蚯蚓、昆虫等都是它的食物。它的消化机能特强，一只鸭嘴兽体重不到一公斤，但一天能吃下与自己体重相当的食物。

鸭嘴兽总是在河边打洞，洞有两个出口，一个通往水中，一个通往陆上的草丛。它们用爪挖洞的本领很高，即使在坚硬的河岸，十几分钟也能挖一米深的洞。有的洞长达几十米，里面有宽敞的"卧室"，准备产卵用。卧室里铺着树叶、芦苇等干草，俨然是个舒适的"床铺"呢！

母鸭嘴兽一次生两个蛋，白色半透明，壳上带有一层胶质。母鸭嘴兽将蛋放在尾部及腹部之间，然后蜷缩着身体包围着蛋。两星期后，小兽脱壳而出，但眼睛看不见，身上没有毛，不能觅食，全靠妈妈喂奶。

若与爬行动物相比，鸭嘴兽显然是比较高等的动物，因为它虽属卵生，却是哺乳的。但在哺乳动物中，它却是最低等的。它生蛋和排泄粪尿都用同一个器官，所以又称单孔类。澳大利亚是当前世界上唯一的单孔类动物的故乡，除了鸭嘴兽外，还有一种叫针鼹。

天下之大，无奇不有。生物界有待人们去探讨的奥秘，还多着哩!

哺乳动物进化的法宝

大家可能都知道喝奶有助于骨头生长，不过哺乳行为对哺乳动物的进化还起着重要作用。一项新的基因分析研究支持了这样一个观点：哺乳动物在放弃爬行类先祖的生蛋繁殖方式之前就开始哺乳了，并且哺乳可能推进了生育模式的生物学转变。

据《科学》网站报道，哺乳动物最初出现在大约2亿年前，随着时间推移，它们中的大部分都转变成了体内胎盘孕育，放弃了蛋生的模式，并且开始用奶水喂养幼仔。不过单孔类动物是现存的例外，如鸭嘴兽，它们虽然哺乳，但却是蛋生的。瑞士洛桑大学的进化遗传学家Henrik Kaessmann希望能明确这种变化的遗传变异并确认它是何时发生的。

Kaessmann和他的同事致力于研究小鸡生蛋的三组基因解码，他们还研究了4种哺乳动物的相关基因序列，分别是人类、负鼠、狗和鸭嘴兽。在人类、狗和负鼠体内，生蛋的三组基因都有表达，不过基因异变使它们丧失了功能，最后一个是在3000万~7000万年间丧失功能的，而其中一组基因到现在仍然在鸭嘴兽上起作用。研究小组的论文发表在2008年3月18日的《PLoS生物学》上。

研究者随后观察了哺乳相关的基因，发现鸭嘴兽与其他哺乳动物一样有产奶相关基因表达。由于鸭嘴兽在一亿八千万年前就与其他哺乳动物分家了，这项发现表明哺乳动物在两亿至三亿一千万年前有着同样的祖先，并且哺乳出现在生蛋基因丧失功能之前。

澳大利亚国立大学的进化生物学家Jenny Graves表示，这项发现证实了之前的设想，即关于哺乳行为是哺乳动物放弃生蛋的原动力，因为它们不再需要蛋作为幼仔的营养来源。洛桑大学的进化生物学家，同时也是研究小组成员之一的Peter Vogel认为，哺乳动物由生蛋方式转变为哺乳方式是由于哺乳行为带来了许多好处。比如，父母不用再将食物带回巢穴喂养幼仔，直接哺乳就是了，并且有了更多时间来教育较小的幼仔，使得哺乳动物的脑部发展得更好。

鲸的进化之谜

为了享受，它从此不再登陆

鲸和其他陆地动物的共同祖先是平头蝾螈形四足动物。大约在3.6亿年前，它们离开大海，爬上陆地。它们的后裔逐渐提升了肺功能，鱼鳍也进化为腿，其中一支进化为哺乳动物，哺乳动物是其中的佼佼者。然而，鲸的进化却相反，它是极少数反向进化的哺乳动物之一。鲸的反向进化一直困扰着科学家。

在大约4800万年前，在今天巴基斯坦的西海岸，一只类似小鹿的小型偶蹄食草动物为躲避掠食者，潜入浅水中。它在水下发现了更适合生存的地方。从此，它成为鲸的祖先，后来它死在了古印度大陆上。科学家把它的化石复原，发现这种偶蹄动物外形与今天的狐狸相仿，命名为"巴基古鲸"。

自从这个类似小鹿的动物从陆地返回海洋后，腿慢慢地进化为鳍状肢，鼻子进化成喷水孔。它们喜欢上了海底

为避天敌，它钻进了水里

世界：这里食物更充分，天敌更少。它们牙齿里所含碳量要比以水下食物为生的始新世鲸的含量高得多。这说明在下水后很长一段时间内，它们还在习惯性地吃陆地植物。当然，这种进化是一个缓慢的过程，在时间的长河里，它们开始适应、转变、进化。但它也绝不会想到，它们会进化成个头庞大的海中霸主，在没有了天敌，尽情享受海洋带来的快乐时，很快，天敌也出现了，那就是——人类。

鲸喷的不是水

鲸能从压力大的深水处迅速上升到无压力的水面，与鲸胸腔富有伸缩性的结构有关。当鲸向水面上浮时，胸腔可随着水压递减而相应地增大。此外，它们肺部的位

置、肺部的气管较短而粗，肺泡间的膈膜具有丰富的弹性纤维，这些特征均能促进下潜或上

喷"水"的鲸

浮时肺部的气体调节。并且鲸的鼻孔垂直地通向咽喉部，由于鼻道与口腔不通，因此鲸在水中吞食不致窒息。鲸的肺较长而不分叶，并向体后延伸，因此，鲸的肺活量很大，大约能容纳800～1400升空气。它呼气时，在强大的肌肉作用下，能把肺部的空气急速挤压出来。而且，呼吸道在胸腔内部的强大压力下，使呼出的气体形成一股喷射气流。又因为鲸是恒温动物，体温较高，肺内的温度往往比环境温度高，呼出的气流遇冷即形成喷泉。

鲸进化的主要阶段

巴基古鲸被称之为"第一代鲸"，这是因为它们以陆地为基础，但耳内部分结构却和现代鲸类动物、鲸类动物化石的耳朵结构相似。

陆行鲸 由巴基斯坦古鲸进化而来，居住在沼泽地

区，它们既可以在陆地行走，也可以在水里游泳，但速度都不会很快，可能与鳄鱼相似。

原鲸 几乎已经是水栖哺乳动物了，但是它们还是要依赖强壮有力的后腿到陆地上来，就像海狮一样，它们有时可能需要上岸，但是不会深入陆地太远。

龙王鲸 大约 3500万～4000万年前，原鲸进化成了龙王鲸和矛齿鲸。这两种鲸类动物都已完全变为水生动物，后肢也进化成小尾鳍。

蝙蝠的进化之谜

蝙蝠是一种古老的动物，也是唯一会飞的哺乳动物，他们的历史可以追溯到属于恐龙的莽荒时代。

通体呈金色的蝙蝠

与蝙蝠同时代的动物绝大多数都被自然所淘汰了，只能见于化石之中，而蝙蝠经历各种灾难之后顽强地活了下来，经过千万年的发展，蝙蝠家族成为了仅次于啮齿类动物的第二大哺乳动物。科学家们惊叹于蝙蝠的生存技巧，但他们始终不明白蝙蝠是如何进化的，不仅因为最早化石中的蝙蝠和现在的非常相像，而且也从未发现介于蝙蝠和无飞翔能力的始祖动物间的化石标本。不过，据俄罗斯医学新闻网报道，美国科学家揭开了这一不解之谜。依卡洛蝙蝠是最古老的已经绝灭的蝙蝠，它的骨架是偶然从美国怀俄明州一个古代湖泊的岩石中发现的，距今约有3000多万年。化石中的依卡洛蝙蝠已经表现出许多现代蝙蝠的特征，都有延展于长指间的膜形成的翅膀和具有回声定位功能的耳朵，骨骼部分已与现在的蝙蝠基本相似。那蝙蝠究竟是怎样出现的呢？这问题一直困扰着生物学家们。

基因突变帮助蝙蝠掌握飞行技能

蝙蝠的飞行能力得益于其体内一处特殊基因的突变。

《新科学》杂志指出，现代蝙蝠

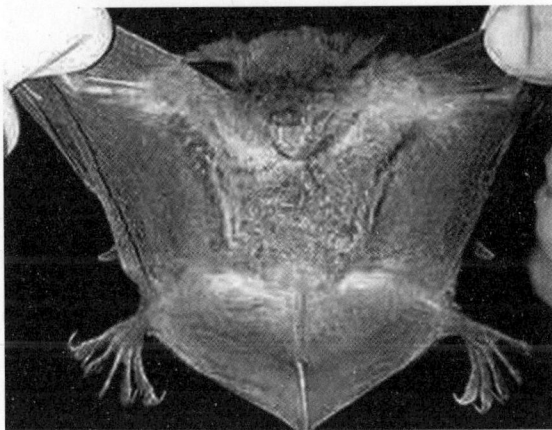

蝙蝠

的祖先在距今大约5000万年前长出了翅膀，掌握了飞行技能，但这一基因突变过程非常短，以至于在蝙蝠的各个进化阶段均未能留下多少化石标本。美国科罗拉多大学的卡伦·希尔斯通过实验证明，蝙蝠的飞行能力得益于其体内一处特殊基因的突变，正是这个单一基因的变异让蝙蝠的前爪发育成翅膀使其飞上天空，这可解释蝙蝠为何突然出现在5000万年前的化石标本里。卡伦·希尔斯表示，由于基因的变化，蝙蝠的祖先们长出了适用于长时间飞行的两翼。为了解蝙蝠前爪的进化来源，希尔斯专门研究了它们在胚胎阶段的发育过程，并将其与老鼠的胚胎发育情况进行了比较。希尔斯发现，无论是啮齿类动物还是蝙蝠的前爪，都是由胚胎中的软骨细胞发育而来，这些细胞逐渐分化成熟并形成骨区。但不同的是，蝙蝠的骨区上有个很明显的增生带，比老鼠的大很多，正是这个增生带刺激了骨细胞的增长，使蝙蝠长出长长的前爪。希尔斯认为，蝙蝠的生长带主要是受到了BMP2基因的影响，该基因中携带了大量有关骨骼生长的信息，是哺乳动物四肢生长的重要基因家族之一。希尔斯发现，BMP2基因在蝙蝠骨骼的发育过程中非常活跃，而在处于同一阶段的老鼠胚胎中，它的功能却已完全弱化，并通过实验证实了，BMP2基因确实在蝙蝠前爪的形成过程中发挥着决定性的作用。

BMP2基因的突然变化，造成蝙蝠的进化过程非常短

暂。希尔斯指出，正是由于BMP2基因活性的增强才导致了蝙蝠的突然出现。同时，可能也正是由于该基因的突然变化，造成蝙蝠的进化过程非常短暂，以至于人们很难找到其生活在5000万年前的原始祖先的化石。美国自然历史博物馆的南希·西蒙思表示，对于蝙蝠的突然出现，生物学界从未有过合理的解释，该研究是个突破性的发现。

声音帮助蝙蝠进化

美国马萨诸塞州波士顿大学的蒂格·金斯顿和英国伦敦大学的斯蒂芬·罗西特也对蝙蝠的进化过程展开了研究。他们发现蝙蝠发出的声音也是推动其进化的一个重要因素。蝙蝠的声音可以帮助它们区分不同种类甚至体态稍有差别的蝙蝠，使属于同一物种不同变种的动物，即使生活在相同地区，也相互不杂交，各自独立进化。

世界上总共有1000多种蝙蝠，它们中的大多数都以昆虫为食，也有一些以水果或是吸食哺乳动物和鸟类的血液为生。在中美洲和南美洲还有一种大足蝙蝠，它们能够像老鹰抓小鸡那样从河中捕食鱼类。蝙蝠体型的变异很大，体重从2公克到超过1000公克，翼展从3厘米到近2米都有。蝙蝠的尾巴有长有短，有的全为股间膜包住，有些则延伸到膜外，可以在蝙蝠捕捉昆虫时，当做捕虫的网袋用。此外，蝙蝠的毛色亦有许多变化，例如，果蝙蝠的颈

肩部往往有一圈乳白到金黄色的毛，有别于身体其余部分的深褐毛色；有些蝙蝠则有斑点或条纹，可以作为辨认种类的依据。

不同体型的大耳蝙蝠所捕捉的昆虫体型也是不相同的。

为了解蝙蝠家族的形态为什么如此各异，金斯顿和罗西特两位科学家选取了一种东南亚大耳蝙蝠的三个变种进行研究。这三种蝙蝠在体型上存在很大差异，其中个头最大的蝙蝠比个头最小的蝙蝠大出近一倍。他们发现大耳蝙蝠发出的声音各自具有一个特殊的频率，且体型越大发出的超声波频率越低。

体型最大的蝙蝠发出的叫声频率最低，为27.2千赫，而体型中等以及最小的大耳蝙蝠则主要选择高亢的腔调。这意味着大个大耳蝙蝠将无法听到其他两种蝙蝠的叫声，但大耳蝙蝠的耳朵可以清楚地接收到自身叫声所具有的频率，同时还可以过滤掉其他蝙蝠发出的高音叫声。此外，由于叫声的频率越高，越容易测定那些小型猎物的方位，因此不同体型的大耳蝙蝠所捕捉的昆虫体型也是不相同的。

由于不同种类的蝙蝠发出的超声波频率不同，所以它们不会发生杂交。

通过对大耳蝙蝠的进食以及交配习性进行研究，研究人员发现，就像克服其他自然障阻一样，通过改变叫声的频率能够有效地形成一些新的蝙蝠种类。超声波频率不同的蝙蝠可能无法"沟通感情"，当然也就不会交配并生出后代，彼此的基因没有机会发生交换与融合。

这样，一个变种的蝙蝠，只会与完全同一变种的蝙蝠交配。如果两个不同变种的蝙蝠属于同一物种，互相杂交原本可以产生有繁殖力的后代，但由于它们发出的超声波频率不同，所以在自然环境中不会发生杂交。这样一代一代地各自繁殖下去，由于基因变异的累积，不同变种间本来微小的遗传差异得到巩固和加强，使得差异越来越大。最终，这种差异是如此之大，使两类蝙蝠再也无法杂交，或者即使能够发生杂交也不能产生有繁殖力的后代，在生物学上成为两个完全不同的物种。加拿大西安大略大学的布罗克·芬顿表示，"这项研究成果使学术界对于蝙蝠是如何进化出不同种类的，以及这些叫声的改变能够导致何种生态学后果，有了新的认识"。

约克大学的约翰·拉特克利夫指出，过去500万年来，亚洲迅速出现了许多蝙蝠的新物种，上述因素可能是造成这种现象的原因之一，即基因突变帮助了蝙蝠的跳跃式进化，蝙蝠发出不同频率的声音进一步加快了蝙蝠的进化。

第四章　万物之灵

　　我们人类可以说是这个地球上最高等的动物，但在地球历史的画卷上，我们只是最后一页的篇幅。虽说，我们对于地球历史上演的众多节目中，只是微不足道的一个小小片段，但是，我们的节目却是地球生命历史上最精彩的！

　　为什么说我们人类上演的节目是最精彩的？因为我们是地球历史上唯一一个拥有智慧，能够通过劳动改造自然的物种！那么，对于人类这样一个伟大的物种，他是从什么样的物种进化而来的？他又将向什么方向继续进化？人类究竟何去何从呢？

　　同学们，开动你们的大脑，和牛牛一起探究吧！

人类起源与进化

古猿与人之间的距离有多远？

　　距现在大约3000多万年以前，亚、非、欧的热带和

亚热带的原始森林，像海洋一般望不到边，浓密的树荫把天空都快遮满了。那时候，这一带气候温暖，树木常绿，森林葱郁，古木参天，溪涧纵横，水流潺潺，树上果实累累，林中各种动物聚集，而古猿就是这个原始森林中的一员。

古猿成群地生活在树上。它们满身是毛，两耳尖耸，以果实、嫩叶、根茎和小动物之类作为主要的食物。古猿的前肢已初步分工，它们善于在树林间进行臂行活动，能用前肢采摘果实，并会使用天然木棒、石块，用树枝和树叶在枝桠间筑巢，偶尔也下地，勉强地用后肢站立行走。它们互相追逐嬉戏，繁衍后代。良好的生活环境使它们的队伍很是壮观，那里成了它们的极乐世界。

可是，好景不长，到了第三纪末第四纪初，这些猿类居住的地方发生了巨大的变化。沧海巨变，海底挺身而起成为巍巍大山。水、山的重新布局使气候发生冷暖交替，干湿变换，猿类生活的地方变得干冷多了。随之而来的是，大片森林变得越来越稀疏。树倒林灭使猿类食用的野果少了，为猿类所猎取的小动物死的死，散的散，幸存不多。猿类原来生活的极乐世界一去不复返了。自然界的剧烈变化逼使猿类下地。世世代代习惯于林中生活的猿类，下地后的生活是很困难的。

绝对平衡发展的事物是没有的。古猿在树上的发展

本来就很不平衡。因此，它们在体态结构上有不少差异，有的个体较小，有的则较大；有的在树上臂行活动能力很强，有的则较弱；有的脑量较小，有的则较大；有的上肢特别长，有的则较短；有的直立能力很差，有的则具有半直立甚至直立的姿态，等等。原来发展的不平衡，在这个时候，必然引起适应能力的很大分化。古猿们深感灾难临头，便分道扬镳各找出路去了。

有一类古猿，上肢又长又粗，下肢则细而短，在树上飞跃活动非常自如，特别适应树上生活。在树上特别适应，到了地上便变得特别不适应。上肢长而粗，下肢细而短，就难以支持自己的身躯；在这个树木少了，枯枝多了的时代里，臂长却难于施展，而下地后细而短的下肢行步艰难，走不了远路，野兽来了逃不了，只好被食，正是有"脚"走不得，有"手"觅不到食。它们只好断子绝孙，退出生命的舞台。

另有一类古猿，它们坚持永远不离开树林，年年逃难，迁往异地，森林

类人猿

退到哪里，就逃到哪里。地壳的沧桑巨变不是全球性的，气候变迁也只是发生在部分地区，总还有一些可以使猿类赖以生存的地方。这类古猿世世代代躲在树林中，身体结构更加特化，一代不如一代。所以，它们的子孙——现代猿，只好在动物园里耍着把戏给人看。

还有一类古猿，已经高度发展，它们具有较大的身材，上肢较短，下肢较长，大拇指也较发达，具有半直立以至直立的姿态，前后肢已分工，脑容量也较大，能下地活动，利用树枝、石块获取食物，抵御敌害。也就是说，这类古猿在形态构造、解剖生理和生活习惯上，已具备了向人类方向发展的内在条件，容易适应环境的变化。

从树上生活到地上生活，从攀缘活动到直立行走，这是从古猿进化到人的具有决定意义的第一步。

自然，古猿并不是一下树就能直立行走的。在地上行走时，它们逐步摆脱了用前肢帮助行走的习惯，并渐渐地学会了用后肢来走路。经过了几十万年，古猿才能逐渐把支撑全身、移动上身的任务交给下肢来负担，上肢向手的方向发

长臂猿

展，下肢才逐渐专门用来行走。手脚分工为直立行走创造了条件，而直立行走又反过来促进了手脚的进一步发展。古猿就这样逐渐从四脚行动，变成了两脚直立行走，完成了从猿到人的具有决定意义的一步。

古猿直立后，视野扩大了，便于观察周围事物，更有利于适应环境。只有在身体直立以后，前肢才能充分得到解放，并转化为手；也只有在身体直立以后，肺和声带才获得解放，为大脑和发音器官的发展提供条件。但是，能够直立行走的古猿还不能叫做人。把人和猿区分开来的根本标志是劳动。

任何动物，也包括古猿在内，都不懂得劳动。劳动是从制造工具开始的，这是一种有目的、有意识的活动，它意味着人们不仅能利用自然物，还能够改造自然物。尽管古猿也能利用自然物进行萌芽状态的劳动，但它们还不会制造工具，只是被动地适应自然界。没有一只猿曾经制造过一把哪怕是最粗笨的石刀。当人类的祖先在长期地同自然界斗争中，懂得了用一块石头打击另一块石头，能够制造出有一定用途的东西时，石制工具——石器就产生了。从此，古猿就转变为人类，人类进入了最早期的石器时代。

人类与黑猩猩是"兄弟"？

美国科学家2006年1月23日公布的一项研究显示，在所有灵长目动物中，黑猩猩和现代人类最接近，而且两者都是"进化钟"运转最慢的灵长目动物。科学家认为，此发现再次拉近了黑猩猩和人类的距离。

在这一研究中，佐治亚理工学院、国立人类基因组研究所等机构的科学家，对人类、黑猩猩、大猩猩、猩猩等几种灵长目动物进行了大规模的基因组序列比较，并对比了他们的"进化钟"运转速度，即基因组中单核苷酸变异的速度。

研究人员发现，在所有灵长目动物中，人类的"进

黑猩猩

化钟"运转最慢，也就是说人类基因组内单核苷酸变异更少，基因组更稳定；黑猩猩"进化钟"的运转仅比人类稍快一些，但明显比大猩猩和猩猩慢。

研究人员在23日出版的新一期美国《国家科学院学报》上发表论文说，在所有灵长目动物中，人类的每一代存活时间最长，发育成熟所需时间最长，妊娠时间最长，这导致在同时期内，人类作为一个物种发生变异的可能性小于其他灵长目动物。

在人以外的灵长目动物中，黑猩猩与人类的差异最小。研究人员对比人类和黑猩猩的基因组后发现，两者之间的相似度达到98.8%，其基因组的大部分可排序区域几乎没有区别。人类和黑猩猩的"进化钟"运转速度差异也较小，研究人员认为，这种差异可能是最近一百万年中人类和黑猩猩分别进化所形成的。

研究人员推测，"进化钟"运转的差异显示出灵长目动物分化时间的不同。论文第一作者、佐治亚理工学院的伊兰戈认为，在灵长目动物的进化史上，人类和黑猩猩的共同祖先可能先和猩猩、大猩猩的祖先"分家"，这导致人类和黑猩猩的"进化钟"都慢了下来，然后人类与黑猩猩再次发生分化。从"进化钟"看，人类和黑猩猩可以称为"兄弟"，而他们与猩猩、大猩猩是"表兄弟"。

人类的进化历程

　　类人猿经过漫长的进化终于发展成人类，但是最早出现的人类和我们现在的人类在形态、智力等各方面肯定存在差异。因此中国学者将人类的体质形态发展分为三个阶段，即能人、直立人、智人。　原始的人类开始出现在距今约300～200万年以前。智力和文化的发展是人类进化发展的重要标志。

　　南方古猿是由猿分化出来的最原始的人科代表，具有猿和人的混合特征，能直立行走，代表了由猿到人演化过程的过渡阶段。它们生活在距今500～120万年期间的东非和南非等地。它们的脑容量变化范围由早期的450毫升到晚期的725毫升。它们可能像现代的类人猿一样具有即兴使用树枝、木棍、石块的能力，但无有意识制造工具（如石器）的能力。

　　大约在距今250万年前后，由南方古猿演化出了最早使用和有意识制造石器的原始人类——能人。它们生活在距今250～150万年期间，代表了人类演化历史中的早期猿人阶段。它们的平均脑容量约640毫升。它们制造的石器是一些由砾石打制而成的非常简单的粗制砍砸器，在考古学中被称为奥杜韦文化。

　　目前为止，这一演化阶段的人类化石和文化遗址主要分布在东非地区和我国的云南省。我国云南的元谋人生

活时代距今约170万年。

能人继续进化成为直立人。生存年代距今约170万年或150万年前至二三十万年前。其脑容量为775～1400毫升，并继续增大。直立人完全用两足行走，而且已经能够制造较进步的工具。最早发现的直立人是1891年荷兰军医E.杜布瓦在爪哇中部特里尼尔附近找到的一个头盖骨及一枚牙齿，次年又在同一地层发现了一个大腿骨及一枚臼齿。头骨很厚，眉嵴突出，颅骨低平，具有猿的特征，但腿骨似人，适于直立行走，所以当时定名为"直立猿人"。

直立人的化石在亚、非、欧三洲都有发现，在中国有北京人、蓝田人、元谋人。直立人最大的特点是可以利用自然火，因此从那个时期开始人类终于吃上了熟食。而且，他们可以打制较复杂的工具，从而有利于捕获猎物。

人类进化的顶端是智人，生活于距今约二三十万年至四万年前。智人又分为早期智人和晚期智人。早期智人体质形态已接近现代人，但仍保留若干原始特征，如眉嵴比现代人发达，面骨相当粗大，前额低斜，颌部较突出，额部不明显，躯干和四肢都比较粗短，腰弯背曲。脑容量约为1300～1750毫升，比直立人大得多，脑组织也更复杂。在长期劳动过程中，人类的体质和智慧

都进一步发展了。

早期智人的化石在亚、非、欧三洲都有发现。生存年代最早的是德国的斯坦因海姆人和英国的斯旺斯孔布人，定年约为25万年前。许多学者认为他们处于直立人和早期智人之间的过渡阶段。中国陕西省境内发现的大荔人，也具有这种过渡性质。

晚期智人又称新人，出现于4万年前。其体质特征是：头骨前额升高，眉嵴几乎消失，颌部退缩，下颏明显；脑容量大，达1600毫升；会制作复杂的石器和骨器，能用骨针缝制兽皮衣服，可制作装饰品；他们身体高大，直立行走的姿态与现代人完全相同。发现的化石分布于亚、非、欧、美、澳各大洲，说明那时除南极洲外，地球

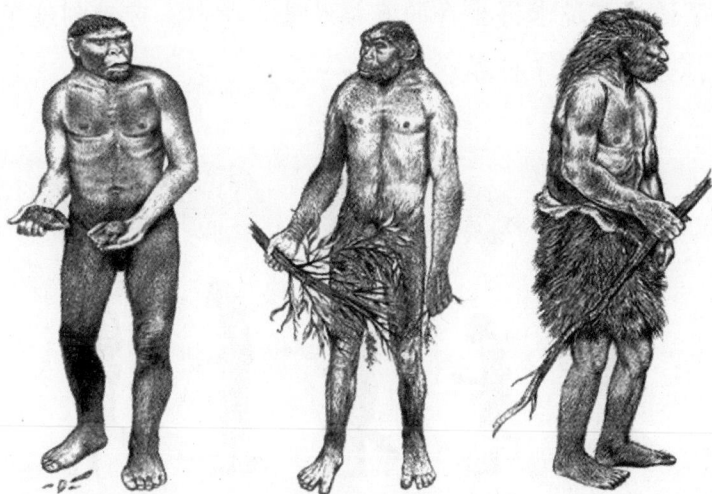

左：手握石器的远古人类；中：采摘果实的远古人类；右：著名的尼安德特人

上各大洲均已有人居住。

晚期智人时期，人类进化出现了明显的加速，在形态上已非常像现代人；在文化上，已有雕刻与绘画的艺术，并出现了装饰物。如1933年发现的周口店龙骨山山顶洞人。此时原始宗教已经产生，已进入母系社会。在晚期智人阶段，现代人开始分化和形成，是当今世界四大人种（黄、白、黑、棕）孕育形成的时期，并分布到世界各地。

在漫长的地质历史演变过程中，人类的出现是最晚的，假如把地球历史比喻成一卷厚厚的书，对人类出现的描述只能在最后一页才能找到。应当看到，从猿到人的长期演变历程中，劳动是一个重要的因素，劳动也是人类为了适应环境求得生存的直接结果。所以，劳动创造了人类，劳动创造了世界。

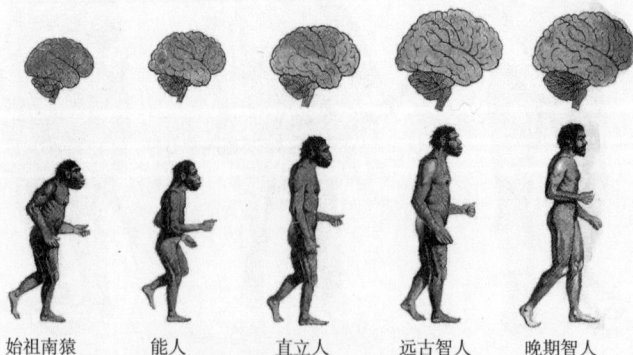

| 始祖南猿 | 能人 | 直立人 | 远古智人 | 晚期智人 |

人类进化过程中脑容量的增长图

"赤裸"的真相：人类皮肤为何大多裸露在外？

人类的大部分皮肤都裸露在外，这在灵长类动物中绝无仅有。

环境变化迫使我们的祖先长距离迁移，以寻找食物和水，毛发掉落正是对这一过程的适应。

通过分析化石和基因证据，科学家弄清了人类祖先皮肤上的毛发何时开始掉落。

毛发的脱落，促使人类祖先的大脑容积变得更大，增强了他们的象征思维能力——在人类进化史上，这是极为关键的一步。

灵长类动物中，仅有人类皮肤几乎完全裸露——不论是披着短黑毛发的吼猴，还是身穿松散铜色"外衣"的红毛猩猩，其他灵长类动物身上都长着浓密的毛发。尽管脑袋和其他部位也有毛发，但与我们的近亲相比，即使体毛最多的人，皮肤都只能算是裸露的。

我们的体毛是如何脱落的？几百年来，科学家一直在探讨这个问题，但要找到令人信服的答案并不容易。人类进化史上

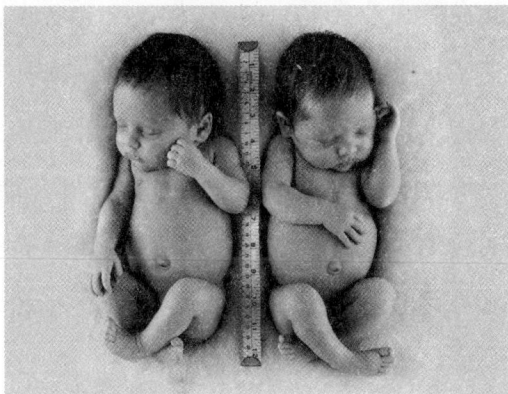

的大多数标志性转变，比如直立行走，都记录在人类祖先的化石中，但迄今发现的所有化石，都没能留下关于人类皮肤进化的直接证据。尽管如此，科学家还是在最近几年的研究中发现，化石记录中含有人类从多毛向无毛转变的间接证据。根据这些线索，以及近十年来基因组学和生理学上的相关研究，科学家提出了一套令人信服的理论，阐述人类祖先身上的毛发为什么会脱落，以及这个过程从何时开始。该理论不仅解释了我们的外貌相对于其他灵长类动物为什么如此"奇怪"，还暗示在大脑容量、语言能力等人类其他特征的进化上，裸露的皮肤发挥了非常关键的作用。

1. 毛发的差异。

要弄清楚人类祖先的体毛为什么会脱落，我们先得知道其他动物为什么会有毛发。毛发是哺乳动物特有的皮肤附属物，可作为哺乳动物鉴定分类的依据。所有哺乳动物或多或少都有一些毛发，而毛发浓密的占绝大多数。毛发不仅能防潮、防晒、防擦刮，抵抗有害寄生虫和细菌的入侵，还具有伪装功能，有助于迷惑猎食者。根据不同的毛发特征，动物之间可以相互辨认。哺乳动物还可利用皮毛传达"社交信息"，表明自己的情绪：如果一只狗本能地将脖子和后背上的毛发竖起，就意味着它在传递明显的警告信号，让挑衅者离它远点。

尽管具有如此多的重要功能，但某些哺乳动物世袭的毛发已经退化，变得稀疏而纤细，没什么功能。这些动物要么栖息在地下，要么生活在水中。对于裸鼹鼠之类生活在地下的哺乳动物，向无毛进化是对地下大规模群居生活的适应。由于在地下，裸鼹鼠看不见同伴，它们的社会活动也只是挤在一起相互取暖，这时毛发的作用就显得多余。鲸鱼这类海生哺乳动物完全生活在水中，从不上岸，因此裸露的皮肤可以减小水的阻力，有助于长距离潜游；为了弥补保温层的缺失，鲸鱼拥有厚厚的皮下脂肪。相反，水獭等半水生哺乳动物则拥有浓密、防水的毛发，可以吸附空气，增加浮力，让水獭更易于向上游动；在陆地上，毛发还能保护水獭的皮肤。

大象、犀牛、河马等大型陆上哺乳动物很容易处于过热状态，需要散去机体产生的大量热量，因此毛发也在进化过程中逐渐脱落。动物体型越大，身体表面积与体重之比就越小，散发体内多余热量的难度也就越大（相反，老鼠和其他小型哺乳动物的身体表面积与体重之比较大，需要努力保留足够的热量）。在更新世期间（即200万年前～1万年前），犀牛、猛犸以及现代大象的其他近亲因为生活在寒冷环境中，身体披着长长的毛发，有助于它们保持体温，降低进食量。而今天，几乎所有大型哺乳动物都生活在闷热环境中，对于这些相对散热面积较小的动物

来说，浓密粗长的毛发将会危及生命。

人类体毛的脱落并不是对地下或水生生活的进化适应（尽管一个广为人知的假说认为，人类是从水生猿类进化而来的），也不是体型增大的结果，而是为了使人体保持凉爽状态，这可以从我们的高级出汗机制看出端倪。

2. 为什么"水猿假说"站不住脚。

为了阐释人类裸露皮肤的进化过程，科学家提出过很多理论，其中最引人注意、获得支持最多的是"水猿假说"：人类进化曾经历过水生阶段。在1960年的一篇科普文章中，英国动物学家艾利斯特哈代爵士首次提出该假说，很快就得到英国作家伊莱恩·摩根的拥护，后者不断地在她的演讲和作品中宣扬这个假说。但问题是，这个假说显然是错误的。

水猿假说认为，在700万年前～500万年前，东非大裂谷的出现，使早期人类无法在他们偏爱的热带森林环境中生存，不得不适应沼泽、沿海和涝原的半水生生活，而且在此度过了约100万年。摩根认为，人类与水生和半水生哺乳动物拥有一些共同的解剖学特征，而与稀树草原的哺乳动物不同，这就是人类祖先曾经历过水生时代的证据。这里提及的解剖学特征包括裸露的皮肤、顶泌汗腺的减少以及皮下脂肪量的出现。

水猿假说有三个站不住脚的地方。首先，在摩根列

举的特征中，不同的水生哺乳动物本身就有很大差别，因此动物体毛的数量与它们的生存环境之间没有直接关系。其次，化石记录表明，水生栖息地有很多猎食性的鳄鱼和攻击性很强的河马等动物。在与这些猛兽对峙时，个体很小、自卫能力不足的人类祖先根本不是对手。第三，水猿假说太复杂。这种假说认为，我们的先祖从陆地生活转入半水生生活，然后再回到全陆地生活。正如美国印第安纳大学波利斯分校的约翰H.朗顿（John H. Langdon）所阐述的那样，对化石记录最直接的诠释是，人类一直生活在陆地上，人类裸露皮肤的进化动力源自气候变化——它使森林转变为稀树草原。从科学的角度看，最简单的解释往往是正确的。

3. 散热机制。

对于很多哺乳动物（不仅是大型哺乳动物）来说，保持身体凉爽是一个大难题，尤其是它们生活在燥热环境并因为长距离行走和奔跑而产生大量热量时。它们必须及时调节身体内部温度，如果过热，一些器官和组织（特别是大脑）就会受到损伤。

哺乳动物用多种策略防止身体过热：犬类选择喘气的方式，大多数猫科动物在晚间凉爽时段最为活跃，羚羊则把动脉血中的热量转移到已通过呼吸冷却过的小静脉血中。但对于包括人类在内的灵长类动物来说，出汗是主要的散热方

式——皮肤分泌汗水，汗水蒸发时就会带走体表的热量。这种全身降温机制与蒸发冷却器（也称散热器）的原理相同，能极有效地防止大脑及身体其他部位因过热而受损。

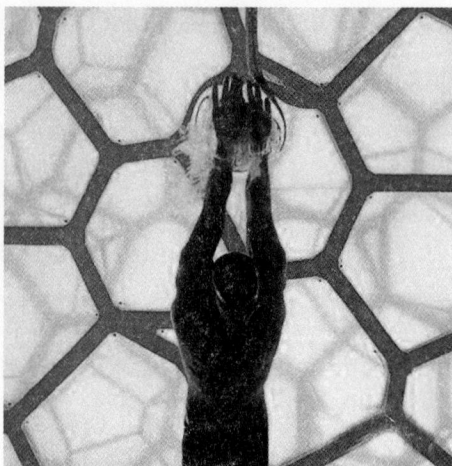

　　然而，出汗的方式也不尽相同。哺乳动物的皮肤拥有三种腺体——皮脂腺、顶泌汗腺（也称大汗腺）和小汗腺，汗液就是由它们共同制造的。在大多数哺乳动物中，皮脂腺和顶泌汗腺是主要产汗腺体，位于毛囊基部附近。它们的分泌物会在毛发上形成一层油性的、有时呈泡沫状的混合物（在奔跑的赛马身上就能看到这样的汗液）。这种出汗方式虽然有助于降温，但降温程度很有限。美国艾奥瓦大学的小G·埃德加·福克和同事在20多年前就证实，当动物皮毛变得潮湿、被黏稠的油性汗液缠结在一起时，散热效果就会大打折扣。这是因为蒸发发生在毛发表面而非皮肤表面，杂乱无章的毛发阻碍了热传递。在热传递效率降低，可能威胁机体健康的情况下，动物必须大量饮水，而此时往往又没有现成的饮用水。因此，在酷热的夏天，如果全身长着毛发的哺乳动物被迫激烈地或长时间运动，就可能因热衰竭而虚脱。

人类的皮肤上没有毛发，但拥有数量极多的小汗腺（200万～500万个），每天能分泌多达12升的稀薄水性汗液。小汗腺并非聚集在毛囊附近，而是靠近皮肤表面，通过微小的毛孔排放汗液。裸露的皮肤，再加上汗腺直接将水性汗液分泌到皮肤表面，而不是聚集于皮毛上，使得人类可以非常有效地释放过剩热量。2007年，美国哈佛大学的丹尼尔·E·利伯曼和犹他大学的丹尼斯·M·布兰博在《运动医学》上发表论文指出，人类的散热系统非常高级，以至于在酷暑天举行的马拉松比赛中，一个人可以战胜一匹马。

综上所述，人类的皮肤裸露进化的原因是对自然环境气候变化的适应。

病毒帮助人类进化

美国加利福尼亚大学的研究人员威拉瑞尔等人发现，在进化过程中人和脊椎动物直接从病毒那里获得了100多种基因。威拉瑞尔等人还从大量的研究中发现，我们自身体内复制DNA的酶系统也可能来自病毒。

人和高级哺乳动物的DNA中含有一些病毒的基因，这是病毒输送自己的基因到人体和高级哺乳动物细胞内的

结果。这种结果极大地推动了人类细胞和高级生物细胞的进化。因为这些病毒的具体作用是在子宫中帮助建立胎盘，这对于维持人类和高级生物的生存繁衍和种群发展是至关重要的。因此研究人员称这样的病毒是母亲的小帮手，没有它们，也许就没有人类的进化和高级哺乳动物的产生。

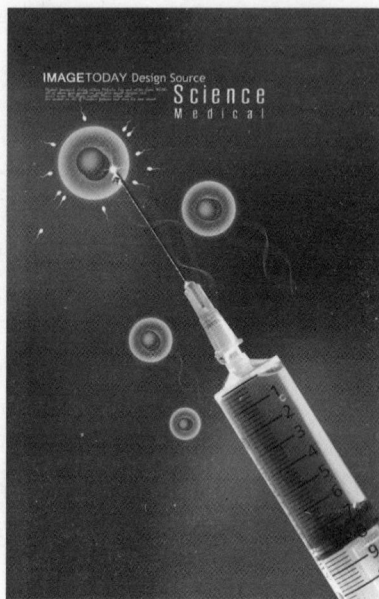

病毒

小知识链接

人类的免疫系统像是保护我们身体的保卫队，当遇到病毒和异体的器官等外来物时，它们会识别这不是人体自身的物质，从而对外来物发起攻击，进而保护自身。

过去人们把病毒最基本的功能视为致病，在今天看来，这其实是一种不完全的看法。实际上导致疾病的病菌很多只是在爆发感染的时候，在人体内生存很短的时间。

而其他少量的病毒变体则能在人体内待较长时间，这样的病菌并不引起症状，而且可以随着宿主一道进化。例如，一些病毒被称为内源性逆转录病毒（ERV），它们在进化中与哺乳动物细胞形成了非常亲密的关系，并成为高级哺乳动物DNA中的组成部分。

这些ERV是一些病毒的残余，它们在很古老的时候就以自己的方式进入哺乳动物的染色体，如今ERV基因已成为高级哺乳动物染色体（DNA）中的基因组成部分。因此一些生物学家认为ERV的基因可能在某种地方适当地帮助了胎盘的功能，因为它们在胎盘组织中起到了高水平的开关转化作用。

另一方面，很早就有研究人员提出，人体和生物体是一个非常排他的系统，但为什么母亲体内的免疫系统不排斥从受精卵开始就存在于子宫内的胎儿呢？对此人们提出了很多假说，其中之一就是有某种因素在制约着母亲的免疫系统使其不排斥胎儿。现在研究人员证明ERV基因能调节或控制胎盘的形成，于是推论这种病毒基因在进化的过程中，也许同样有通过调节胎盘功能而阻止母亲的免疫系统排斥胎儿的作用。当没有外来因素（病毒）阻止ERV基因起作用时，ERV基因就能保证胎盘的形成，从而让受精卵植入，同时能防止母体的免疫系统排斥胚胎。当然这也只是一种假说，还需要更多的研究来证明。

对艾滋病的研究更让人相信，人对艾滋病的抗御使得基因能发生变异，从而影响着生命的进程。人体内的一种叫做MIP—IALPHA的变异基因是感染艾滋病的关键，拥有这种变异基因的人不容易患艾滋病，例如斯堪的纳维亚地区有13％的人群从上一代那里获得了这种变异基因，因而他们很少患艾滋病。而一个人如果从双亲那里都获得了这种变异基因，那么他抵御艾滋病的能力更强。

另一项研究也发现，一些变异的基因可以抵御艾滋病的发病。过去的研究表明，HIV是依赖于一些蛋白分子进入人体免疫T细胞的，如 CD4和 CCR5分子。但是CCR5与CD4受体是有区别的。最大的区别在于CCR5有基因变异性，如果它一变异，艾滋病病毒就无法进入白细胞，就像把守细胞大门的门卫，CCR5换了一身服装摇身一变，就成了一个艾滋病病毒无法辨认的和难以攻入的金刚门神，艾滋病病毒既不敢轻易冒犯也无法侵入T细胞了。

美国的调查发现，黑人比白人容易患艾滋病的重要原因之一是黑人的CCR5基因变异率较低，即是黑人体内的CCR5不太会装扮改变自己，不能阻止艾滋病病毒的入侵。研究得知，黑人的CCR5变异率仅为1.6％，而美国白人的CCR5基因变异率为10％，欧洲人则为8％。只有俄罗斯人的CCR5基因变异率最高，为12％。显而易见，黑人的艾滋病易感率也就高得多。然而不幸的是中国人身上的CCR5基因的变异率可能是世界上所有人种中最低的。中国两位科研人员王福生和蒋建东在国内各地随机抽取1300人的基因，经测定表明，只有3人的CCR5基因有突变，也就意味着中国人比黑人更容易感染艾滋病。

根据这些情况，美国加州大学伯克利分校三名生物学家对南非艾滋病基因模型和艾滋病流行的情况加以分析和计算，认为现在的人群中有40%的人的基因对HIV有抵抗力，而在100年后将有50%的人群的基因对HIV有抵抗力；现在的人群中有20%的人的基因对HIV有易感性，但100年后这一数字会减少到10%。这两个方面的因素相加，就会使艾滋病的潜伏期平均延长一年，从现在的7.8年增加到8.8年。

人类疾病的产生和发展使人们认识到，病毒可以通过基因的联系改变人类的进化。虽说现代的社会医疗技术很先进，但是还是有很多人类的不治之症，像艾滋病、癌症等等。在没有技术的帮助下，人类不得不依靠自己体内的免疫系统来抵抗疾病。因此，那些病毒在另一方面帮助了人类的进化，提高了人类的抵抗力！

恐惧一直在威逼着人类

美国加利福尼亚大学心理学家理查德·科斯最近提

出了一个新观点，他认为人类的祖先在走出非洲丛林时，并不是手拿长矛与飞镖的猎人，而是诚惶诚恐的猎物。经过与豺狼虎豹等野兽长期斗智斗

恐惧一直威逼着人类

勇，人类才终于占据上风，成为地球的主宰。科斯更进一步提出，人类对野兽的恐惧不仅遗传到今天，甚至可以说，人类的进化就是被这种恐惧逼出来的。

长期以来，人们普遍认为，大型食肉动物除非上了年纪或行动不便，否则不会轻易攻击人类。但科斯却认为，灵长类动物由于体格弱小、行动迟缓，一直是野兽垂涎的猎物。科斯还引用非洲地区的考古发现来证明自己的观点：科学家在南非发现了许多距今100万～300万年前的野兽巢穴，里面发掘出324只狒狒和140只南方古猿（人类祖先）的骨骼化石，其中许多化石上都有大型猫科动物或鬣狗的齿印或爪印。

据悉，在从猎物向猎人转化的漫长过程中，那种担心落入虎口的恐惧深深地植根在人类的大脑里，并且一代一代地遗传到今天。在现代人类身上，依稀可以看到那个时期留下的影子，比较典型的就是"摩洛反应"：刚出生的婴儿在受到惊吓时，会不由自主地攥紧小手。科斯认为，这和小猴在受惊时紧紧抓住母亲肚子上的毛一样，都属于一种对威胁的本能反应。

由于不能和野兽硬拼，因此只有智取了。这种严峻的生存现实迫使人类的祖先开发他们的大脑，培养出"超兽"的智慧。例如人类具有"察言观色"的本领——即把自己放在别人的位置，从他们的角度考虑他们的感情和动机，从而猜透他们的心理。这种能力在心理学上被称为"马基雅夫利智慧"，它可以使个体更融洽地生活在社会组织中。

在生存威胁面前，灵长类动物学会了结成群体生活。在这种群体的基础上，我们的祖先建立起熟悉、信任、互惠的结构，这就是社会的雏形。科斯甚至还认为，人类区别于动物的两大特征——语言和制造工具，也有可能是作为一种防御野兽的手段而发展起来的。也就是说，正是为了对付野兽，人类才不断进化而来。

现代人的起源地在哪里？

同学们知道我们人类的性质发展分为古代猿人、直立人、早期智人、晚期智人这四个时期，而我们现在分布在世界各地的人类是晚期智人即现代人，故同学们要区分人类的起源和现代人的起源这两个概念。

对于人类的共同祖先约700万年前至500万年前起源于非洲的观点，目前学术界除了在时间上有所不同的看法之外，并没有大的争议。这指的是人类的起源。

如今分布在世界各地的是现代人，有黑、白、黄、棕四种人。那现在分布不同地区的现代人又是起源于哪里？是从什么时候开始分化成不同的人种？对于现代人的起源，存在两种假说，即"非洲起源说"和"多地区进化说"。

小知识链接

人类的线粒体中也含有遗传物质DNA，而且线粒体中的遗传物质非常的保守，一般变异的很少。故可以通过测定其中的DNA寻找人类祖先。

目前很多科学家支持"非洲起源说"，即非洲是现代人的故乡，现代人在非洲形成后再迁徙到世界各地，进而分别进化为黑、白、黄、棕四种人；少数科学家则支持

"多地区进化说"，即认为现代人是在欧洲、亚洲、非洲各自起源，从而进化成现在的不同种现代人。

较早提出现代人"非洲起源说"的是美国的两位科学家华莱士和威尔逊。1987年，他们分别带领了两个实验室，通过检测不同地区现代人细胞中线粒体内的遗传物质脱氧核糖核酸即DNA，发现现代人的祖先可追溯到大约15万年前在非洲的一个女人"夏娃"。"夏娃"的后裔开始由非洲大陆向世界其他各洲迁移。至于其他各洲的本地原始人，有一些科学家推断他们被冰川严寒全部自然消灭，也有一些科学家推断他们全被夏娃的后裔征服并取代。关于夏娃的后裔来到中国的时间，大约是在5-6万年前，他们来到中国定居下来，生息繁衍，并取代了原来生活在中国大陆的原始人。

在2005年3月7日《科学》杂志上公布的文章中有篇关于现代人起源的。剑桥大学的三位研究人员对现代人起源的两个问题进行了调查，一是现代人类从非洲大陆向世界其他各洲迁移的地理位置，二是对各地区相应的人口基因进行分析研究。调查结果发现靠近埃塞俄比亚的国家的人与埃塞俄比亚（非洲东部国家）人之间呈现出很小基因变异性。在现代人类开始由非洲大陆向世界其他各洲迁移的路线上，基因多样性的特征表现不明显，没有出现大量的基因中断。这成为进一步证明现代人"非洲起源说"的

证据。

　　"非洲起源说"衍生出来的两个重要问题之一是迁徙的路线。传统学说推测，现代人类祖先可能是先移居到中东和中亚地区，然后向亚洲其他地区和欧洲等地迁徙。但研究小组通过对人类线粒体DNA的研究发现，现代人类的祖先最早可能沿着印度洋海岸线"走出非洲"，进而移居到全世界，而且其迁徙速度远超出人们早先的估计。

　　另外一个重要问题是从非洲走出的时间。一开始，科学家分析推断的时间大约在10万年前，但经过科学家新一轮的分析研究确定，时间是19.5万年前，比人们以前推测的还要早6.5万年。遗传学研究曾推测，智人（即现代人）应起源于大约20万年以前，而这项新的研究结果恰好

走出非洲

与遗传学研究结果相一致。在时间上的重新修订，让支持非洲起源说的科学家们更有理由相信，早期现代人有更充足的时间发展他们的文化属性，使他们从非洲大陆分散到亚欧各地。

现代人非洲起源说在欧洲被普遍接受，但是仍然有不少科学家持不同的观点，尤其以东亚及中国学者的反驳声最为响亮。他们提出"多地区进化说"，这个理论的主要观点是，在100万至200万年前，直立人由非洲扩展到其他大陆后，分别独立演化为现代非洲、亚洲、大洋洲、欧洲人。也有观点认为，与非洲一样，亚洲、欧洲、甚至大洋洲都是人类起源的中心，它们完全是按照自己的历史来演化的。

另外，有的学者游离在两种观点之间，他们认为，在人类从非洲走出的过程中，并不是简单地取代当地原始人那么简单，而是和本地人进行了联姻，在杂交融合中演化进行。但是，非洲起源说的支持者认为，这实际上仍然在支持"非洲走出说"（即人类是从非洲迁徙出来的）。

观点相持的局面在国际学术界不可能短时间内消除，谁能找到关键的证据谁就将占据上风。在中国，很多专家都在寻找各种证据用以反驳非洲起源说。他们的观点是，中国现代人是由本地的直系祖先传下来的。

中国专家最主要的证据是，在中国目前发现的古人类化石，有200多万年前的巫山人、湖北建始人、170多万年前的元谋人、115万年前的蓝田人、50万年前的北京人、35万年前的南京人、30万年前的和县人、十几万年前的长阳智人、2万多年前的山顶洞人等古人类遗迹。时间跨度从200万年到1万多年的化石证据都没有间断过，从原始人类到现代人类的演化进展是连续的，以此证明，中国人是自己演化而来的，与"非洲人"无关。

在国际学术界，关于人类的起源地是哪里，一直以来有着非常热烈的讨论，到目前为止，讨论仍在继续，并且在很长一段时间内不会有一致的声音。

古人类语言起源：最早会说的词是爸爸？

当你看到可爱的婴孩在母亲的怀抱里咿呀学语的时候，也许曾有这样一个念头滑过脑海，人类的语言到底是怎样产生的？我们的老祖宗开始试着用语言来描述世界的时候，最先说出了哪一个单词？其实这种疑问并非你所独有，自文明诞生以来人类的追问就从未停止。

现代社会中很多人都从自己的生活经验推测，古人类最先会说的词应该是"妈妈"，然而一期《新科学家》杂志却报道称，法国语言学和史前人类学研究联合会的科学家，对"爸爸"一词进行了考察，结果发现，人类14个主要语系中基本上都存在这个词。而在大多数语系中，"爸爸"一词的意思都是父亲或者是父亲一方的男性亲属。负责此项研究的科学家说："'爸爸'在各种语言中的统一性只能有一个解释，那就是'爸爸'一词是从人类早期延续至今的。"

人类最早会说的词是爸爸？你可别急着相信，这仅仅是关于古人类语言起源诸多观点的一种而已，人类对自身语言的起源有着几千年不懈的探索。北京语言大学外国语学院、长期从事人类语言学研究的朱文俊教授，从《圣经》开始，向记者讲述了这漫长而有趣的研究过程。

从古至今，人类一直对语言的起源兴趣浓厚，并提出了多种多样的解释。

原来，在人类社会科学并不发达的时候，人们选择宗教来解释语言的起源。古希腊哲学家苏格拉底曾断言，上帝给地上万物和众生赐予了名称，所以词是神圣之物，能通神，富有魔力。古代西方观点认为，语言是上帝创造

的。在《圣经旧约》的《创世篇》，《圣经新约》的《约翰启示录》里面都谈到了语言的诞生，提到上帝赋予亚当给万物起名的至高权力。

就连一些古代帝王也对人类语言的产生极感兴趣。古埃及的一位国王曾为探究人类最初的语言到底是什么而采取出人意料的办法。有一次，一个孩子降生，他就下令让一个牧人把孩子放到荒郊野外，命令他不许和孩子说任何话，还要一边放羊，一边照顾这个孩子，等这个孩子说第一个词时马上来报告。一年多以后，孩子说出第一个词汇bekos。国王立即召集学者研究这个词的出处，后来发现是弗吉里亚语中面包的意思，国王就认为人类最早开始说的词就是面包。

然而，由于语言的起源缺乏可以采信的证据，关于语言的起源问题实际上仅仅停留在猜想之上。

19世纪30年代，在法国召开了一次语言类的世界大会，会上做出个决议，认定从苏格拉底、柏拉图到当代，对于语言起源的猜测都是空谈，要求以后禁谈关于语言起源的问题。这个决议一直影响到现在，现代很多语言学家对语言起源不太重视，也很少研究。

可是，一纸决议无法泯灭人类的好奇心，对人类语言学家来说它总是一桩悬案。1934年，土耳其曾经召开全国的语言学大会，研究世界上第一个词到底是什么，参加

会议的专家一半猜测，一半比较，提出太阳是人类最早会说的词汇。而其中得出结论的具体过程，因为记载缺失已经弄不太清楚。

到底是什么原因导致了语言的产生呢？这是一个见仁见智的命题。据朱文俊教授介绍，目前有四种比较主要的理论来解释语言诞生。第一种观点提出人类语言来自模仿，比如古人类看到荒野中的狗在叫，人类学狗的叫声叫"汪汪"，以后慢慢便用"汪汪"声来指代狗。第二种观点是19世纪初出现的"叮当理论"，即自然主义理论。这种理论认为世界上任何事物都有本质，本质发出声音来都会出现回声，这种回声创造很多词汇，比如英文中的ball，b代表弹性，all代表一种圆滚滚的物体。第三种观点是我们熟悉的马克思主义语言起源理论，认为劳动创造语言，最初的语言是在劳动中从号子发展而来，即人类劳动时会发出的吆喝声从而进化成人类语言。第四种观点提出语言产生于感情，在表示愤怒、愉快等感情冲击下，强大气流通过声带产生语言，并认为人类基本感情喜怒哀乐发出的声音，形成最基本的词汇。

朱教授表示，关于人类最早说出的词汇的争论也从未平息。一位美国语言学家认为，最早出现的语言是名词，应是生活中最常接触的事物，如各种食物；其次应是形容词，比如描述花草、树木特征的东西；第三是呼语，

指用来呼叫、表达指令的词汇。这些与交流有关的词汇与人类生存密切相关。此种说法从人类认识事物一般规律的角度，认定语言的诞生应和人类生存和社会发展有关，确实有一定的科学依据。

还有一些专家是从生理上加以研究，他们发现，m、b和p发音比较容易，这些字母开头词汇，是人类最容易发音的词汇，婴儿即使在没有牙齿时，m、b、p的音都是容易发的，如果这种声音和最先接触的事物相联系，就诞生了最早的词汇。目前是b、p在先还是m开头的单词哪一个在先出现也没有考证，但在西方语言中以m开头的单词占有重要地位确是事实。以英语为例，其中和m有关的词汇非常多，表述生命之源、抚育、关爱、本质、行为、记忆、食物、性格等方面的词汇中，有大量都是m开头的。

世界语言虽然多种多样，但其最初的起源确有惊人的一致性。

为什么世界多国语言表现出内在的一致性呢？朱教授解释说："人类的语言能力是内在的，并不是后天获取的，后天获取的只是组织复杂语言的能力。比如小孩要吃奶时，最初发的音是ma-ma、papa，在印欧语系中mama一词最早就指乳房。另外人类品尝食物时候，发出的声音也与m音有关。由m衍生出来的各种词汇比较多，这确实说明了人类词汇起源与m关系密切。"

　　有人认为，儿童语言的学习过程是研究古人类学习语言的活标本，其中可参考的内容又有多少呢？朱教授认为，现代婴儿学习语言时人类语言已经产生，常与其接触的父母已经掌握语言。这和原始人类在荒野里的语言产生完全是两回事。社会语言学证明，语言创造的规律是一开始两三个词，后来不断增加。而现代语言的规律已经不能证明语言是如何产生，到现在为止儿童学习语言的所有数据都不能说明人类语言的起源。

　　况且父母的说笑表情都会影响婴儿，即使他们会说妈妈也是教育的结果。即使有一个母亲故意不同婴儿讲话，等待孩子自己讲出第一个词，也很难认证人类语言的起源。因为小孩在屋子里，会听到父母之间交流的语言，而人类天生就会模仿，婴儿可能听到只言片语，所以不能证明他说出的第一个就是古人类说出的第一个词。

　　还有专家讲，将猩猩发出的声音和人类的语言加以比较，希望能还原人类学习语言时的情境，然而这些努力都宣告失败。朱教授指出，灵长目动物能发出9种声音，都跟生存有关，但不是语言。人类语言在表示前边存在危险时，可能有几十种说法，而猩猩只能发出"啊"的声音，而且只能重复。人类研究语言曾尝试教猩猩说话，来观察掌握语言是否存在先天因素，结果发现猩猩不具备学习语言的能力，证明语言能力只有人类

所独有，而想从猩猩那里查找人类语言起源的蛛丝马迹自然也没成功。

人类最早的词汇最有可能产生在温带地区，各地区古人类最初说出词汇的意义应该相同。

人类语言到底是怎样诞生的？诞生在什么时代？先民们开口说的第一个词到底是什么？经过漫长的摸索一切却还仅仅是谜。

值得欣慰的是，在对被认为是印度、欧洲语系语言之祖的立陶宛语的研究中，专家发现其中最早的词汇有"狼"、"树"以及表述生产工具的词汇。这些在其他语言中得到印证，而表述热带气候情境的词汇并不存在，由此说明最早产生印欧语系语言的时候处于温带，说明人类最早那些词也产生在温带。

朱教授强调说，词汇的产生和社会息息相关，人类生活中最离不开的词汇，便最可能是最初诞生的词汇。世界各国各地区虽然地域环境不同，发音可能也不同，但是最开始发音的单词意思应该有相似性，应该跟吃住有关，这是由语言的社会性决定的。而想彻底摆脱推测，弄清人类语言起源的谜团还需要更新的证据以及语言学、考古学、人类学等领域专家的共同努力。

左撇子真的更聪明吗？

今天，那些曾经在上个世纪70、80年代尽力纠正过孩子左撇子习惯的父母可能会严厉地自责，因为左撇子在某些领域可能更有优势。2006年末，发表在《神经心理学》杂志上的一项研究称，习惯使用左手的人在处理多重刺激时的反应比使用右手的人更快。

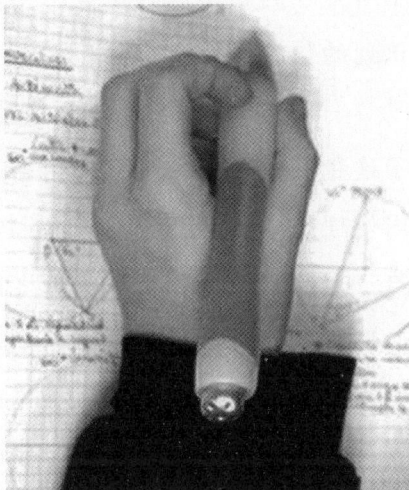

澳大利亚国立大学的一项实验似乎更支持早期的研究结果：一个人习惯使用左手还是右手，当他（她）还在母亲的肚子里时就已经决定了。每个人大脑的左右半球非常相似，在很大程度上，它们处理相同的信息，数据主要经由一条神经通道在它们之间反复来回传送。然而，在处理具体任务时，比如语言，大脑则倾向于只使用其中一个半球。对大多数人来说，大脑左半球负责处理语言；对习惯使用左手的人来说，大脑左右半球都可以处理语言。大脑左右半球的另外一个不同分工是对于感觉数据的处理：身体的右侧（右眼，右耳等）数据都由大脑左半球处理，

身体左侧的数据则由大脑右半球处理。最后，大脑将左右脑所处理的信息进行综合，形成我们所看到、听到以及意识到的信息。

一项通过不断增加身体处理工作的难度的研究证明了这种假设——那些习惯用左手写字的人更善于左右脑协同处理信息。澳大利亚国立大学的研究人员进行了一项实验，旨在测试大脑两个半球之间信息流的速度。80个习惯使用右手的人和20个习惯使用左手的人参与了这项研究。在一个测试中，电脑屏幕上显示了一个信号点，这个信号点快速跳跃出现在一条分界线的左右两侧，被测试者需要按动按钮以确定该点在左还是在右。所有使用左手的被测试者都更快地点击到正确的位置。在另一个测试中，被测试者需要对字母进行匹配——这些字母有时出现在分界线两边，有时只固定出现在分界线的一边。在这个测试中，字母出现在分界线两边时，习惯使用左手的测试者匹配字母速度更快一些，而在分界线一边时，习惯使用右手的人则更快一些。后一个测试的结果显示，如果一项任务只需要大脑其中一个半球完成，用右手的人比用左手的人能处理得更快。

首席研究员Nick Cherbuin博士在ABC（美国广播公司）广播电台对他的采访中表示，实验结果证实了解剖学的研究成果："大部分习惯使用左手的人的左右大脑连接

得更好。"

那么这个结果意味着什么呢？使用左手的人在运动、游戏和其他需要同时面对大量、持续刺激的活动中有轻微的优势。理论上，他们更容易用左右脑半球同时处理这些刺激，因此，处理过程和反应时间更快。这也意味着当其中一个大脑半球超载并且开始运行缓慢时，另一个大脑半球可以继续工作而不漏掉任何重要信息。专家也认为，习惯使用左手的人，当他们进入老年，大脑处理信息的速度开始变缓后，能更好地控制神经：一个脑半球可以迅速担负起另一脑半球的任务。这也意味着，习惯使用左手的人保持神经敏捷的时间相对地比习惯使用右手的人更长。

所以总体来说，习惯使用左手的人在面对复杂的行为时，比习惯使用右手的人更灵活。而且左撇子的左右脑之间的协调性比习惯使用右手的要更好，因此在老龄时这两者之间的差异会更明显！

人类还在进化，还是停滞了？

哈佛大学进化生物学家史蒂文·平克说："人类仍在进化吗？从道德与智力水平提高的意义上来说，人类是在进化。但从生物的角度上，即基因库的改变上，就没法

这样说。"不过，他说："包括我在内，人们更倾向于认为，人类在10万到5万年前，即人类发生分化前，就完成了生物上的显著进化，这样才能确保各个人种在生物上是相差无几的。"

小知识链接

基因库是指一个物种所有存活个体含有的全部基因总和。比如，全世界的人种所含有的基因总和就构成一个人类基因库。

考虑到一旦说错将带来的政治影响，平克这种含糊其辞的立场是可以理解的。评价一个物种的进化与否，最重要的是看物种的基因库是否改变，而不是从道德与智力水平这种外在行为改变上看。如果一定要表个态的话，平克也清楚自己的立场，他肯定是觉得人类进化停滞了。不过，要说人类已经停止进化，却又越来越难找到支持这种立场的科学依据。最近的种种研究发现显示，我们不得不抛弃人类在约5万年前就完全停止了进化这种观点。实际上，我们有充分理由相信人类目前仍在进化。

进化的证据

以去年芝加哥大学教授蓝田的发现为例。蓝田发现，有两种参与大脑发育的基因都是在人类历史近期才出

现的，并在人类中迅速传播。其中一种是小头症基因的变体，这种基因是在6万到1.4万年前出现的，但现在人类中已经有70%携带这种基因。另外一种是ASPM基因的变体，这种基因仅有1.4万年到500年的历史，但目前全球已有1/4的人口携带这种基因。

小知识链接

随机突变是指基因突变的随机性，即基因的突变方向是不定的，有有利与不利的各种突变，具有随机性。

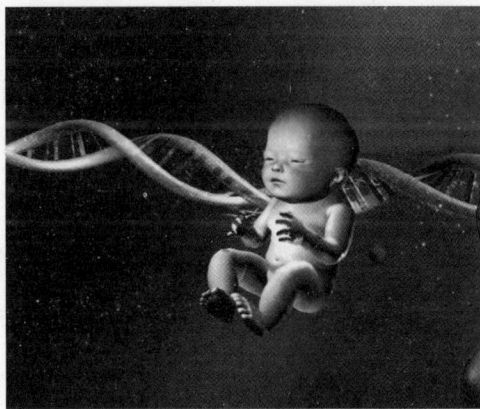

迄今，还没有人了解这些基因的功能，不过，蓝田的发现可能就是冰山的一角。随着黑猩猩基因组的公布，遗传学家能够一一描绘出人类分化出来后的约700万年间基因组的演化历程。他们还将能够确定首次发生突变的确切时间，无论是在几百年前还是数百万年前，以及每次突变在人类进化过程中可能起到的

作用。

有关人类正在进化的发现给我们提出了许多问题，有些问题令人不安。比如，如果平克的担心得到了证实，即最终证明各个人种从生物学的角度来说并不是同等的，怎么办？如今，与其说我们能够生存下去取决于基因，倒不如说取决于技术。鉴于这一点，自然选择是否仍是人类发展的动力？基因组的改变会在何种程度上改变我们看重的特性，比如智力？1000年以后，人类会是什么样子？当前人类进化的问题也许是个雷区，但我们不能继续对这个雷区视若无睹。

如果被问及我们是否仍在进化，大多数专家都会赞同平克的说法，即这取决于如何界定进化这个词。那么，有哪几种说法呢？从最广义的角度来说，一个物种的基因库在一段时间内发生的任何变化都可以称为进化。基因库指的是某个时间点上，物种所有存活个体含有的基因总和。从这个意义上说，所有物种，甚至通过克隆繁殖出来的生命都在不断进化，因为一段时间后，随机突变必然会使DNA发生变化。另外，同一物种内，个体的繁殖能力必定有高有低，因此基因库必然改变。

"基因之船"

不过，如果不这样界定进化即进化是基因库的改

变，问题就有点复杂了。把某个时间点上，人类含有的基因总和想象成一只"基因船"而不是"基因库"，

基因之船

也许更容易理解进化是如何发生的。想象这只船正在大海上快速航行，海水代表着人类历史上出现的基因总和。让这只船自行航行，那么它就会漫无目的地漂流，这就是"遗传漂变"，即一个物种在没有任何外力的作用下不断发生随机性变化。

现在，想象我们这只船有一叶帆，因此，当风吹起时，它似乎有了目标，于是就调转船头，朝着某个方向前进，这就如同自然选择，即基因船在外力的作用下改变航行方向。在自然选择中，动力是指对环境变化的适应能力。

现在想象船上有舵，且有人在掌舵，这就相当于人工选择，类似于养狗或养植物，甚至还可以通过遗传工程对基因船实施人工选择。这些都是有可能的，可是上述各种力量会在多大程度上改变我们的进化呢？

毫无疑问，遗传漂变在人类进化中发挥了作用。但是，考虑到遗传漂变不会使物种的外貌或行为呈现明显的取向，因此很难衡量遗传漂变作用的大小。有些专家认为，遗传漂变的重要性正逐渐上升。这种说法具有争议性，但即便这些专家是正确的，由于遗传漂变具有无目的性，因此它的重要性十分有限。

自然选择失效了吗？

什么因素使我们认可自然选择呢？自然选择赖以发生的遗传物质是在源源不断地产生，人类的基因组也会不可避免地发生突变，其中一些遗传物质占有选择优势，这一点毫无疑问。但有没有什么压力在起选择作用呢？

伦敦大学遗传学家史蒂夫·琼斯曾下过著名的论

科学图书馆·科学基础

自然选择

〔英〕彼分·古登斯 种莉·乐奥希齐 著 巳君 译

Natural Selection

自然选择

断，即对人类来说，自然选择不再重要了。他指出，自然选择的作用机制是使最适应环境的个体存活、繁殖的可能性最大，从而使适应环境的基因保存下来。但是，在这个

已经得到了充分发展的世界里，物种存活与否不再取决于基因。琼斯说："仅仅500年前（这个时间在进化史上相当于昨天），英国婴儿活到成年的几率只有50%；而现在，这个数字约为99%。在生育后代的问题上人们也越来越平等。在中世纪，有些富人养育了许多孩子，而许多穷人则被迫入伍或出家。如今，这种情况已经不复存在。"琼斯推算出，与我们的农民祖先生活的那个时代相比，存活率与生育率的变化已经使自然选择所起作用的几率下降了约70%。

自然选择发挥作用的几率并不完全像琼斯观点的文章那样暗示为"零"。即便是琼斯也会认同下述观点，即基因仍会影响人类的存活率和生育能力。比如在非洲部分地区，CCR5-32基因出现的频率增加了，这种基因可以在一定程度上保护人类避免感染HIV-1（艾滋病毒的一种）。人体对新病种有抵抗力的基因就是一个有力的证据。

还有一些例子更令人迷惑不解。几千年来，多巴胺D4受体基因（DRD4）的一种变体更加常见了。这种传播速度说明这种基因得到了积极的自然选择，尽管尚不清楚为什么这种基因会被自然选择。但这也是一个很好的例子证明人类的基因库在改变，人类在进化。

因此，自然选择仍在起作用。有些进化生物学家认

为，如果今后发现更多这种例子也不足为奇。他们指出，我们目前正处在一个技术快速进步的时代，也就是处在快速变化的环境中，这恰恰是自然选择起作用的条件。毫无疑问，过去，技术进步曾推动自然选择的发生。比如，乳畜品种的培育就是选择了一种使成年人能够消化乳糖的基因。那么，现在，技术进步为什么就不能推动自然选择呢？不难想象选择压力今天仍可能在起作用。比如，剖宫产手术的实施可能正在选择使婴儿在子宫中长得更大的基因。

技术与文化推动自然选择?

包括平克在内的一些专家认为，技术进步不一定会推动自然选择。他们说，一旦文化形成，人们就可以通过非遗传手段来适应环境的变化，比

技术与文化推动自然选择

如更多使用技术手段或通过文化传承改变行为。虽然从许多方面来看，这种看法是正确的，但这并不一定意味着进化已经停止。技术和药物几乎使人人都能生育后代，但也

会使不健康的基因留存在基因库里，从而可能导致"逆向进化"。美国盐湖城犹他大学人类学助理教授格雷戈里·科克伦说："宽泛的选择和高突变率也许正导致许多功能尤其是免疫功能逐渐退化。"

另外，文化本身可能也推动了自然选择。圣迭戈加利福尼亚大学的克里斯托弗·威尔斯曾经详细阐述了这种观点。威尔斯在《脱离控制的大脑》一书中说，文化与基因之间曾经且现在仍在发生积极的相互作用，从而加快了人类最突出的特点即心智的进化。这种进化始于拥有相对发达大脑的人类祖先，他们靠智慧而不是体力兴旺发达起来。威尔斯说："毫无疑问，这种最重要的选择压力至今仍在作用于大脑功能。"

这就是蓝田最近有关大脑进化的发现，并在科学界引起轰动。蓝田赞同威尔斯的看法，即人类进化的特点是我们的智慧塑造了环境，反过来，环境又使人类向我们希望的方向进化，而且蓝田确信这种模式仍然有效。但威尔斯更进一步认为，在当今世界，没有人可以样样精通，因此优势就在于人无我有。他说："我推测，我们不仅变得更加聪明，而且正在选择行为的变通性。"如果威尔斯是对的，那么就意味着我们的"基因船"正逐渐扩大。

蓝田的发现还激发了一些具有争议性的观点。去年，科克伦与其同事亨利·哈彭丁发表一篇论文宣称，

1000年来，自然选择提高了德系犹太人的智力水平。众所周知，智力水平很难加以衡量，但该人种在智商测验中得到的分数比普通人高出了12到15个点。科克伦与哈彭丁指出，大约公元800年到1700年间，德系犹太人被禁止做一般的生意，于是逐渐开始靠智力水平更高的工作谋生，比如金融业。这两位专家认为，事业最成功的人群子孙也最多，因此就出现了对智力的自然选择。他们说，他们已经掌握了支持这些论点的遗传学证据，不过还没有公布详细情况。

尽管如此，自然选择并不是导致一种基因变得更加普遍的唯一原因。性选择也可能是这种基因变得更加普遍的动力。此外，庞大的人口也说明我们的"基因船"发生突变的速度比以往任何时候都快。米勒还指出，人们和与自己相似的人约会、养育孩子的可能性大多了。米勒说："高等教育、城市化、征婚广告、网上约会以及快速约会正使同型交配变得空前高效。这里的同型指的是两性之间在智力、个性、身心健康、魅力上相差无几。"综上所述，这可能意味着占优势的新突变在人类中固定下来的几率比以往任何时候都大。

此外，避孕也促进了同型交配，其他生育技术也可能在影响着人类的进化。阿尔伯克基新墨西哥大学的杰弗里·米勒说："现行的选择强烈鼓励人们自愿捐出精子或

卵子。"另外，如果与生殖有关的遗传工程变得稀松平常起来，那将会产生更为深远的影响。蓝田说："我猜想，不用到下个千年，我们就能找到操控人类基因组的方法，这样人类就将遵循一套全新的规则来进化，即便是达尔文也想不到这一点。"米勒赞同这种看法，他说："不出几代人的时间，市场化的遗传技术将取代社会群体内的性选择，成为人类进化的动力。"

人类前途未卜

米勒预料，未来，父母会试图在孩子身上消除自己不喜欢的特点，但他表示，无法预料这将对人类基因库产生何种影响。但某些人类特点也许会一直受到人们的欢迎，因而可能被人类通过遗传技术不断选中。米勒推测，1000年后，"经过40代人对有害突变的遗传筛选，人们将远远比现在美丽、聪明、身材匀称、健康，而且情绪稳定得多。"如果库兹韦尔等未来学家是对的，那么随着人类与技术融合在一起，成为半机械

人类前途未卜

人，生物进化被废止，我们的"基因船"还将增添一些闪闪发光的高科技产物。

我们的"基因船"也许还会找到一片新的水域。威尔斯说："如果我们移民到其他星球上去，那么我们可能会以一种真正惊人的方式进化。那些移民连同他们带去的动植物将在适应迥然不同环境的过程中发生显著的进化。"这些移民甚至可能形成新的人种，如果他们不与地球上的人类进行婚配的话。

总而言之，不得不做出如下结论，即人类仍在不断进化，而且也许是在非常迅速地进化。波士顿塔夫茨大学的丹尼尔·丹尼特说："所有物种都在进化，只是速度不同而已，不过，我想智人进化的速度相当快。"

那么，我们将往何处去？大多数专家认为，试图推测人类进化的方向是徒劳无功的。琼斯说："进化并不完全是一门可预测的学问。"还有些专家指出，我们恐怕不会喜欢我们进化的方向。丹尼特说："也许我们会把地球弄得一塌糊涂，以至于只有行为古怪和吃苦耐劳的人类，比如能够住在地下洞穴、以蚯蚓为生的人，才会活下来。"不管我们归于何处，有一点似乎毫无疑问，即人类进化的历史才刚刚开始。

百万年后人类会是什么样？

科学家都喜欢把生物进化的时钟往回拨，通过对化石的研究、DNA的分析，找出我们人类的祖先是何时从低等动物的大家族里分离出来并开始成为这个星球的主宰者。但同时，生物的时钟也在一刻不停地往前走。那么人类究竟会通向何方？百万年后我们的后代又会是什么样子呢？即便是著名的生物进化学家理查德·达尔文也说过，这个问题是经常也最困扰他的问题之一，同时也是许多治学谨慎的进化论者所不愿意直接回答的。但随着科技的越来越发达，我们身边的环境变化越来越快、越来越充满变数，希望得到这个问题答案的研究者们纷纷出书预测未来的我们到底会是什么"样"，并总结出了5种假想未来人。

容易受伤的"单一人"

从生理外表到文化内涵将全部被一个种族同化。由于处在一个特别"驯化"的单一社会，肤色由现在的黄、白、黑多种颜色逐渐混合成一种单一颜色，眼睛也比现在大得多，宽得多，体内基因出现缺陷；社会文化多样性彻底消失，取而代之的是更加森严的等级制度来巩固社会的"大一统"。

生物学家称，相同物种应该相互分开发展才能在进化中显示出多样性，才会显示其特点和优点。正如达尔文当年在加拉帕斯哥群岛发现了13种不同的雀类一样。

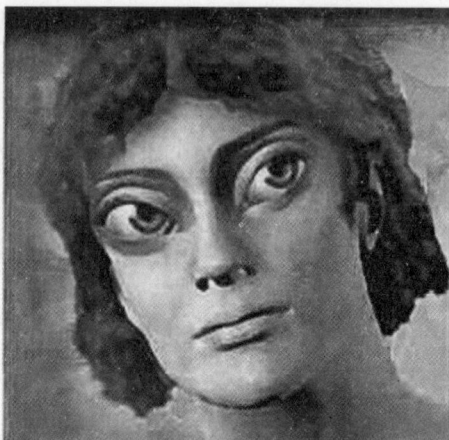

但是，当人类这样分布广泛的种群变得毫无差异的时候，这个世界会变成什么样呢？

人类进化也"分久必合"？事实上，人类进化每时每刻都在进行。美国杜克大学生物多样性专家斯图亚特·皮姆指出，人类非但不再分化，反而在过去数万年一直在"聚合"。他说："在人类进化方面，我们会发现进化的原始物质正在变异，但人类将会很快失去这种可变性。我们人类目前拥有6500种语言，而如果到了我们的下一代，很有可能只剩下600种。"随着人类社会在全球化快速发展下的融合，文化多样性也正在消退。

同时"单一人"致命伤也会不少。"单一人"也许更容易受到蔓延迅速的疾病的威胁，比如禽流感。在缺少基因多样性的"单一人"社会群里，因自我修复的能力会变弱，从而很难应对环境对人体的不利影响。全球性传染病大流行和任何环境的剧变都可能让脆弱的"单一人"社会顷刻崩溃，因为一切都要遵循进化过程当中的自然选择规律——难以适应社会变化的必将被淘汰出局。

灾后变种的"幸存人"

在百万年后，地球可能遭受全球性核战争或者外来星球撞击的巨大灾难。即使得以幸存下来的人也会相隔很远，逐渐产生许多不同的人类分支：为了适应他们所处的环境，一些人的眼睛可能变得有超强的夜视能力，而另外一些人的皮肤则具备了抗辐射的功能。

描述人类在经过浩劫后幸存下来的故事有"诺亚方舟"，电影《惊变28天》等。从大洪水、瘟疫、核战争到小行星撞击地球，这些灾难有可能一夜之间将人类文明完全摧毁，使得劫后余生的人们只能走上他们自己的进化道路。

在《时光机器》等科幻作品中描述了这样一个场景：在经历了一段文化空白之后的劫后余生的社会里，"幸存人"会分裂成不同的种类，再次供自然选择，优胜劣汰。例如，体内抗病毒基因特别强的人可能会把他的优势基因传给他的下一代。如果这样继续下去，一定数量的"幸存人"在相互隔绝的环境中繁衍生息上千代人之后，可以想象，他们必定会发展进化成与众不同的种群。好比在N年

电影中的"绿巨人"

以后，人类经历了一场大的艾滋病瘟疫，当中仅有小部分人幸存了下来，因为那些幸存下来的人体内天生就有HIV病毒的抗体。也许再过500年以后，他们的子孙就生活在一个到处都是HIV病毒的环境里，但没有人会因此而发病死去，因为他们从自己的祖先那里得到了"幸存人"劫后抗病的基因。

不过在现代人生活的今天，外部力量要硬生生把人类分离成不同的独立群体并各自发展成差异很大的类别并非易事。

古生物学者彼得·沃德表示很难相信仅凭一个全球

性的大灾难就能让全人类完全隔离开来。就如他所说："除非人类完全不知道怎样造船，否则我们还是很快会走到一起的。"

正如进化理论所称，即使人类出现种族分化，到最后也会有一个种族完全取代或同化其竞争者。远古时期的穴居人就可以充分说明这一点。《激进的进化》一书的作者约书尔·加雷奥这样表示："凡是在两个种群竞争的社会里，必然有一方会灭亡。" 他还表示，猩猩之所以到今天还存在是因为"他们的大脑只适合在树上睡觉而不适合到平地上走动"。

体格超强的"基因药人"

未来将会出现一种利用DNA技术和基因药物改变人类生理特征的一个少数族群，他们可能会体格超壮，智力倍增，俨然是完美的超人。

采用药物增强人体的智力和生理功能早已不是科幻小说中的幻想。如今，随着五花八门的体育、健美运动

风靡全世界，越来越多的人（不论男女）都喜欢把自己的肌肉变得更结实，体格变得更健壮。竞技体育比赛当中更少不了通过基因和药物的方法让自己的表现和成绩更突出的现象。竞技场上基因和药物技术飞速的发展状况在一定程度上代表了另一种形式的人类进化，而且这种进化比生物本身的进化快得多。

不过到现在为止，最先进的基因药物也只是把疗效局限于一时和某一个人身上，至于如何把它传给下一代却仍是个难题。比如说，你现在能够服用基因药物在短时间内增大肌肉，但是不代表你的下一代就能够有同样的身材。

布朗大学肯·米勒教授指出，在过去，医学进化事实上起到了使社会平等的"平衡器"的作用。由于世界各国采取措施，提高公共卫生水平，天花和脊髓灰质炎等由来已久的疾病问题得到根除。可以预见，一旦科学家找到衰老和疾病的基因特征，那么我们到了百岁仍能保持最佳工作状态。

但要制造出"基因人"，科学家还需要跨越技术和伦理道德上的障碍。如果想令"基因人"具有遗传性，科学家将面临伦理道德上的问题。而且，由于基因技术的不确定性，很可能带来无法预料的后果。例如，通过修补人类的某个基因，你可能会制造出一个力大无穷的"瞬间超人"——因为不知是否会遗传。但更糟糕的后果或许会是在修补基因的过程中改变了其他基因，从而诞生一个十足怪胎的"魔鬼族"——因为这些不利的基因万一遗传给后人，将会危及人类。

人机合一的"机器人"

电脑的硬件、软件相继嵌入人体，使人类的智能得到空前发达的高度。同时，随着科技的进一步人性化，所有成为人体一部分的装置将越来越袖珍，越来越与人体融合在一起。

在某些领域，人工智能事实上已经超过了人类的大脑。1997年超级计算机"深蓝"战胜了国际象棋大师卡斯

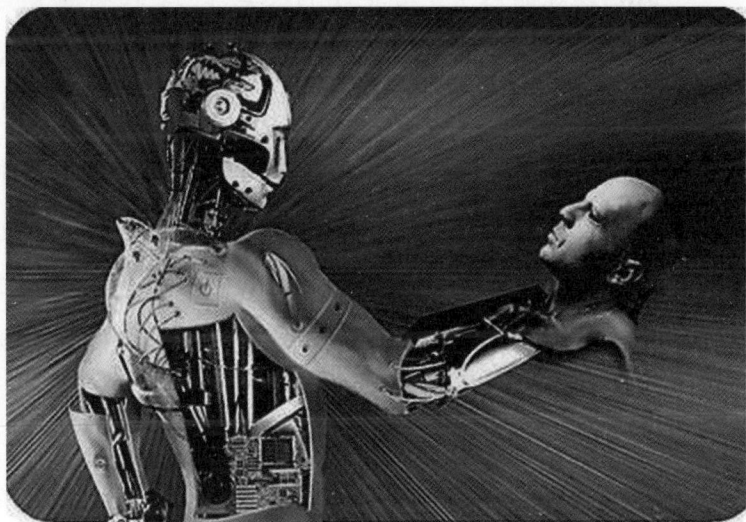

帕罗夫就是一个活生生的例子。三年后，一位计算机专家更预言，人类不久将面临智能机器以及大规模杀伤性武器等技术的挑战。

有科学家推测，真正具有智能的机器人很可能在2030年前诞生。而一旦智能机器人出现，这就将迈出机器人种族的第一步，尽管只是一小步，却可能是人类进化历史上的一大步。智能技术的存在会令我们更聪明。

在许多人看来，我们会越来越变成智能机器的一部分，最终"人机合一"，分不清哪个是人，哪个是机器。我们现在已经有了那么多智能机器融入人体的例子：智能假肢、人造心脏、人造耳蜗、人造视网膜等等，为什么未来出现一个高智能的人造大脑就会是天方夜谭呢？

"我们现在的想法是要把我们人类自己打造得越完美越好，"外太空智能探索研究所的高级天文学家西恩·索斯塔克这样假想，"一个特别精细的芯片会被植入我们的大脑里。我们不会失去任何东西，但是有了这个芯片，你会发现以前经常困扰自己的所有繁琐算术题都会一下子迎刃而解。"索斯塔克在他的新书《共享宇宙》中提到人工智能融合人类的可能性，认为这是人类进化的最好过渡步骤。

漫游星际的"宇宙人"

"宇宙人"已经可以随时随地展开星际旅行，由于星际旅行的速度非常快，甚至连人类的毛发都成为了障碍。所以未来进化后的"宇宙人"全部都是秃子，有头发的人反而会成为人们取笑的对象。

一旦某一物种控制了它生存的环境，进化就已停止。现在，除了病毒和细菌之外，人类控制着地球上几乎所有其他生物的进化，但终有一天，病毒和细菌也会处于人类控制之下，除非人类有机会移民外星球，否则就无进化的可能。

如果人类的寿命足够长，那么为了生存，我们只能向其他星球扩张，从而形成新的人种。而新的繁衍地距离地球既不能太远，又不能太近，这样才能有利于人类到达。但人类要走到那一步还是困难重重。比如坐什么飞行器到达其他星球？能

否适应其他星球的环境？等等。

　　以上所有的这些猜想看起来都好像是不可思议的，但是假如人类真的能够得以一直延续下去——躲过全球性的灾难、基因的大突变、人工智能的影响——那么谁又能预言未来的百万年之后人类又会是怎么一个样呢？届时，宇宙间或许同时出现两个智能物种：人类和智能机器人，他们会是未来宇宙的主人。

　　同学们你认为未来人会是怎样的呢？

图书在版编目（CIP）数据

从哪里来，到哪里去/姚宝骏，郭启祥主编. －南昌：百花洲文艺出版社，2012. 2
（自然科学新启发丛书）
ISBN 978-7-5500-0311-8

Ⅰ．①从… Ⅱ．①姚…②郭… Ⅲ．①生命起源－青年读物
②生命起源－少年读物 Ⅳ．①Q10-49

中国版本图书馆CIP数据核字（2012）第029989号

从哪里来，到哪里去

主　编　姚宝骏　郭启祥

本册主编　洪雅琴

出 版 人　姚雪雪
责任编辑　毛军英　张　佳
美术编辑　彭　威
制　　作　何　丹
出版发行　百花洲文艺出版社
社　　址　南昌市阳明路310号
邮　　编　330008
经　　销　全国新华书店
印　　刷　江西新华印刷集团有限公司
开　　本　787mm×1092mm　1/16　印张　11
版　　次　2012年3月第1版第1次印刷
字　　数　120千字
书　　号　ISBN 978-7-5500-0311-8
定　　价　18. 70元

赣版权登字 －05-2012-28
邮购联系　0791－86894736
网　　址　http://www.bhzwy.com
图书若有印装错误，影响阅读，可向承印厂联系调换。